A PLANET CALLED EARTH 地球简史

〔美〕乔治·伽莫夫 著

金 歌 译

团结出版社

图书在版编目（CIP）数据

地球简史 / (美) 乔治·伽莫夫著 ; 金歌译.
—北京 : 团结出版社, 2019.11
ISBN 978-7-5126-7527-8

Ⅰ.①地… Ⅱ.①乔… ②金… Ⅲ.①地球演化—普及读物
Ⅳ.①P311-49

中国版本图书馆CIP数据核字(2019)第256349号

出版: 团结出版社
　　（北京市东城区东皇城根南街84号　邮编：100006）
电话: (010) 65228880　　65244790　（传真）
网址: www.tjpress.com
Email: zb65244790@vip.163.com
经销: 全国新华书店
印刷: 三河市祥达印刷包装有限公司

开本: 148×210　1/32
印张: 8.5
字数: 200千字
版次: 2020年2月　第1版
印次: 2020年2月　第1次印刷

书号: 978-7-5126-7527-8
定价: 35.00元

致亚瑟·福尔摩斯教授

22年前，我写了一本名为《地球自传》的书。在这本书中，我总结了关于我们所处的地球天文学、地理学以及生物学等诸多方面的信息。从那时起，这本书被印成了许多版本，被翻译成了12种语言，在世界范围内广泛流通。

1959年，有出版社让我把这本书修订成新版本。但是由于成本等诸多因素的限制，需要在十分严格的约束条件下才能完成。我尽了最大努力，但是仅仅在嘴唇上抹点口红、脸颊上扑些遮瑕，就想让一个迟暮的美人儿重新焕发青春活力，这是不可能做到的。因此，"修订"版和大众一见面，就受到了许多评论家的尖锐批评，尤其是一位知名的地理学家，亚瑟·福尔摩斯教授，他在《自然》中对此书的评价为"地球历史大杂烩"。我必须承认在许多方面，这个批评是公正的。

因此，对我来说唯一的解决办法就是坐下来狠下功夫，仅保留从原稿到现在没有发生改变的事实和理论的部分内容，用一个新书名将这本书重写一遍。并且，我很乐意将这本书口述给福尔摩斯教授，在他陈述了他的评论之后，我们进行一次友好的通信。

G·伽莫夫

目录 contents

第十章　地球的未来

第一章　地球的诞生

那些古老的传说

在史前的最初阶段，人类就已经试图去理解他们所生存的世界了，有关创世各种各样的故事与同时代的宗教信仰不可避免地联系在一起。

根据亚述-巴比伦的版本，当时事情是这样的：马杜克，淡水神伊亚之子，他与雌龙提亚玛特展开了一场激烈的搏斗，造成了混沌。马杜克打败了提亚玛特的丈夫金谷，也打败了他手下的11头怪物，接下来，他在战斗中又杀死了提亚玛特。他将提亚玛特的尸体分成了两部分，一半创造了天空，另一半则做成了大地。之后，马杜克将金谷和11头怪物的尸体沿着一条宽大的圆形纽带与苍穹相连，于是形成了黄道十二宫，这样月亮和其他行星就能在那条纽带上运动。与此同时，马杜克的父亲伊亚，将金谷尸体中的血抽出来造了一个人，让他生活在这个新造的世界里。

根据埃及的神话故事，世界的创造是从太阳神阿蒙-拉开始的，他出生在原始海洋表面生长的一朵莲花中。阿蒙-拉有3个孩子：一个女儿名叫努特，还有两个儿子分别叫苏和盖柏。有一次，好像是苏发现他的哥哥和妹妹被缠绕于混沌之中，他为了把他们理清楚，就把努特的身体举高，留下盖柏在下面伸展。于是努特成了天空，盖柏却变成了大地，而苏就是将他们分离开来的空气。

而印度《吠陀经》提供的创世版本就没有这么多描述的细节，变得更抽象了。它开篇的陈述是：起初世界上既没有生物也没有非生物，既没有空气也没有天空，既没有死亡也没有永生，既没有黑夜也没有白天。不存在一个拥有能力的神能拯救有呼吸的生物或是没有呼吸的事物。接下来通过修行的力量，也就是通过第一组有和无的对立，产生了积极的能量和消极的事物。之后通过欲望——思想的萌芽，所有进一步的发展就此展开。

著名的希伯来古老的创世版本，它的主张是：在伊始，耶和华创造了地球，但是这时地球是没有形态的，空空如也。然后，耶和华又创造了天空，他称之为"天堂"，又将天空下面的水聚集在一处，干燥的土地就在水之间显现出来。接下来是光，光在之前已经被创造出来，此时他将光分配给新创造出来的太阳、月亮和星星掌控。

奇怪的是，希腊神话虽然与奥林匹克众神有着密切的世系关系，但是它并不包含创世的故事。在奥林匹斯山上以及比此山还高的土地上生活的这些神被认为是永生的神。这个观点可以被当作稳态宇宙这个现代理论的先驱。稳态理论的观点是：宇宙存在于永恒之中。[1]

海洋的年龄

一个解决地球年龄问题的方法是问问自己为什么海水如此咸。如果地球在形成伊始温度非常高，这很可能是真的，那么所有的水在大气中一定是以水蒸气的形式存在的，并且在地球表面冷却到水的沸点以下的温度时，才会以暴雨的形式降落。我们知道雨水中是不含盐分的，所以，当海洋最初形成的时候一定是被淡水充斥着，我们自然而然

1.对于稳态理论的批判性分析可以在作者的《宇宙的创造》（纽约：维京出版社，修订版1961年；第一版1952年）这本书中找到。这个理论最新的讨论可以在作者的文章《当今时代的伟大思想》中找到，1962年由《不列颠百科全书》出版。——作者注

就可以得出这个结论。

那么，如此大量的盐分如何进入海洋当中，让海洋变成我们现在所知道的样子呢？答案就是：海洋中的盐分是河流所带来的结果。降落到大陆表面的雨水是淡水，但是当它从山脉或斜坡的斜面上流下来就会侵蚀岩石表面，冲刷掉岩石上的微量盐分并将这些盐分带入大海中。这些河流中集中的少量盐分让河水喝起来是那么甘甜，只要喝过用化学方法制造的纯净蒸馏水的人就会注意到这一点。每天在太阳光线的加热下，从海洋表面大约蒸发掉几千亿吨的水，于是溶解在其中的盐分就被留在了海洋当中。蒸发的水蒸气在大气中液化凝结成云，其中相当大的一部分又落回了大陆上。淡水再一次以雨水的形式流下来，在回到海洋的过程中又溶解了更多的盐分。因此，水分是在一个永恒的无限循环中移动的，而盐分只是单向的移动，从大陆进入海洋中，慢慢地增加海洋的含盐量。

知道了现在海洋中所溶解的盐分总量以及每年河流带来盐分的量，我们就可以用简单的除法计算出河流如此运作了多久使海洋中的含盐量从0提高到现在的3%左右。不过，用这种方法获得的海洋年龄相当的不确定。首先，在过去的地质时代，侵蚀率可能不一定与今天的相同。事实上，我们知道过去有很长的一段时间大陆是相当平整的，古老的山峰被洗刷殆尽，新的山峰还未形成。在这段时间当中，侵蚀率一定相当的缓慢，每年从河流到海洋的盐分也相对较少。同时，我们也不能确定从海洋的形成到现在，所有进入海洋的盐分依然溶解在水中。可能从海洋盆地中切断出一些大的水体（比如现在的大盐湖），水体逐渐蒸发，形成大量的盐岩沉积物。由于这两个因素造成的巨大不确定性，估算海洋年龄的这个方法只能给出一个近似结果，任何基于此的确切数据都会被一粒盐所打破。但是，通过考虑旧时的侵蚀率以及由于形成固体沉降物而损失的盐量作出最为可信的假设，我们可以得出结论，海洋的年龄一定是在几十亿年左右。（按照美国的用法，本书中所说的"10亿"就是百万的1 000倍。）

岩石的年龄

更为精准且可信度更高的另一个估算地球年龄的方法是基于放射性物质的研究，虽然含量很低，但可以在形成地球地壳的大部分岩石中找到放射性物质。放射性元素的原子，比如铀和钍，本质上是不稳定的，并且会缓慢地衰变成连续较轻元素的原子，最终形成稳定的铅的同位素。

通过直接的实验可以发现，放射性物质的放射性会随着时间而减少，而它衰变的速率也根据不同种类的放射性同位素而有所不同。一定数量的放射性物质中一半的原子衰变所需要的时间称为它的"半衰期"。举例来说，铀-238的半衰期是45亿年，钍-232的半衰期是140亿年。将初始数量的铀或是钍减少到1/4数量需要花费半衰期的2倍，减少到1/8的数量则需要半衰期的3倍。铀-238和钍-232衰变的最终产物分别是铅-206和铅-208。因此，对于任意给定的岩石，铀和钍母体含量的比值依然存在，由它们放射性衰变产生的铅的同位素的含量就能知道，而这个比值可以给出这个岩石最初形成以来所经历时间的确切信息。确实，在地球炽热的内部，放射性元素衰变产生的铅可以从流体物质流中母体元素里分离出来。不过，一旦这些流体物质以火山爆发的形式到了地球表面并固化，新产生的铅就会保留在它原来的地方，它的相对数量可以向我们明确地指出从固体岩石的形成到现在所经历的年份。

我们星球历史中不同地质时代形成的火成岩石,知道它们准确年龄的可能为历史地质学和古生物学带来了不可估量的帮助,它可以帮助人们确定出陆地、海洋以及远古生物发展的绝对年表。由于化石保留在这些岩石中,我们可以明确地知道过去恐龙和巨蜥时代是在我们之前1.5亿年左右;而早期的生命形态,比如三叶虫,类似于今天的马蹄蟹,它们大约生活在5亿年前。

但是再往下的是对应着地球历史上更久远时期的那些岩石,那时似乎没有任何生命遗留的迹象。这些岩石形成的时期,很有可能是有生命存在的,不过那也仅限于最简单的有机体,因为没有留下化石这样的遗迹。我们现在已知年代最久远的岩石是在罗德西亚发现的花岗岩,通过铀-铅年龄测定法得到它的年龄是27亿年。但是几乎可以肯定的是,越往深处的岩石就会具有越久远的年龄。在海洋的底部开凿一个很深的洞就能获得关于这些古老的岩石非常有趣的信息——这就是所说的"莫霍计划",我们会在第四章中对此进行更详细的讲述。

来自天空的助力

从地球内部深处获取岩石来估算它们的年龄实在是太难了,不过,意想不到的是,我们从完全相反的方向获得了帮助。从星系空间落到地球上各种大小的石头,并且大量的石头被从地面上拾起。这些所谓的"陨石",它们的数量惊人,每年大约有1亿颗总重为500万吨的陨石进入我们的大气。大多数的陨石都相当小,但是偶尔就会有一颗成千上万吨重的陨石。大约8 000年前，就有一颗这么大尺寸的陨石坠落到了地球，在亚利桑那州形成了著名的陨石坑。1908年，另一颗体型相当的陨石坠落在了西伯利亚。这些撞击产生的能量可以与氢弹相较，如果又有一颗撞击到了我们某个大城市，那就太糟糕了。幸运的是，这种大型宇宙投射物很少进入地球大气层。小型陨石的数量就更多了，但其数量仍不足以构成真正的危险。记录在案的唯一一次损害是由一颗鸡蛋大小的陨石所引起的，它穿透了伊利诺伊州一所房子的车库顶棚，砸透了停在里面的一辆车的车顶，穿透了它的后座，并且砸弯了它的排气管。不过，这辆车的主人只会感到开心，因为他们的照片连同受损汽车的部件，还有那颗击中它的陨石，现在正在芝加哥的自然历史博物馆被永久地展出。

陨石对于科学有着巨大的价值。它们的起源隐藏在神秘之中，但是其中最可能的假设是，它们是在火星和木星轨道间运行的一颗行星的碎片。我们将会在第三章中看到，这两颗行星之间的间隙被一条陨石带所占据，这一大群细碎物体直径尺寸大到几百英里，小到鹅卵石或是沙粒大小。其中，大约有2 000颗大到可以被望远镜看到的行星，但是一定还有数以百万计更小的行星。这个盛行的假设是说，很久以前一定存在一颗行星在那条轨道上运行，我们也许称其为"星状体"。至于它发生了什么我们不得而知，也许永远也不会知道。可能它撞击到了附近轨道上运行的另一颗行星；也许它会被太阳系之外的某个庞大星体撞击；再或许，就像个笑话一样，它的居民战胜了核能，将他们自己以及他们的星球炸成了碎片。不过，现在已知的理论是，在那场远古宇宙灾难形成的碎片现在散布在火星和木星之间形成的一条很宽的陨石带上，并且其中一些在临近行星的万有引力作用下偏离了圆周运动，它在宇宙空间中恣意穿梭, 沿途遇到什么阻挡物就撞击什么。

我们能捡到的陨石主要分为两类: (1) 石陨石所含的物质与形成地球地壳的岩石成分类似; (2) 铁陨石是由镍-铁合金组成。这个事实与陨石是碎裂行星的碎片这个假设十分相符, 因为, 我们之后就会看到, 我们的地球是由内部的铁芯制成, 它的外部是由厚厚的岩石地幔包裹而成, 也许其他的行星也是这样。因此, 研究这些陨石, 我们就有了夭折了的星状体地表下各种深度的有代表性的样本。通过放射性方法对这些陨石进行研究, 加州理工学院的克莱尔·C·帕特森发现小行星的平均年龄为45亿年。由于"太阳系中所有的行星是在同一时期形成的"这一假设是合理的, 所以, 可以接受用同样的数据来表述地球的准确年龄。因此, 看来我们可以得出结论, 地球表面发现的最久远的岩石(27亿年), 那时地球的年龄只有现在的一半。希望我们进一步深入地球深处的时候, 这一结论将会得到证实。

康德-拉普拉斯假说vs碰撞假说

在18世纪后半叶, 著名德国哲学家伊曼努尔·康德出版了一部名为《一般自然史和天体理论》[1]的书, 书中他表达了自己关于行星系统起源的观点。根据这些观点, 太阳起初是被一个气态物质环所包围, 不过并不像土星环。在环的各个不同部分间的牛顿万有引力作用下, 它的材料凝结成许多球体, 这些球体成了环绕太阳运行的各种行星。许多年之后, 一位同样知名的法国数学家皮埃尔·西蒙·拉普拉斯发表了一本书

1.《Allgemeine Naturgeschichte und Theorie des Himmels》——作者注

名为《关于世界体系的讨论》[1]，他大概不知道康德的著作，但书中关于行星系统起源的部分，给出了本质上相同的假设。这两位作者都没有用任何严谨详尽的数学论证来证明他们的观点，这两部书都只是写成了纯描述的风格。对于康德而言，这还是可以理解的，因为他是一名专业的心理学家，但是对于拉普拉斯就很奇怪，他明明是当时最负盛名的数学家之一，但他并没有试图解释他的理论的缘由。

不管怎样，大约100年之后，伟大的英国理论物理学家詹姆斯·克拉克·麦克斯韦首次完成了康德-拉普拉斯假说的严格的数学分析。在所有问题中，最让麦克斯韦感兴趣的是土星环问题。当时，众所周知土星环[2]不是一个固体圆盘，类似于留声机磁盘一样，而是在牛顿万有引力的作用下环绕在行星周围的一群不计其数的石头，其中有大到像山一样的石头，也有小到沙粒一般的石头。麦克斯韦问自己，为什么这些颗粒不会在作用其上的牛顿万有引力的影响下聚集成几个独立的卫星呢？根据康德-拉普拉斯假设，如果初始环绕在太阳周围的环可以聚集成相对数量较少的独立卫星，为什么土星环不会发生同样的事呢？

麦克斯韦解决这个问题的办法基于一个事实：对于土星环而言，就像围绕年轻太阳假想光环的情况，也要考虑形成它的运动物体要受到两种力的作用。第一个，当然就是相互间的万有引力，它有利于将物体缩合到一起。相互靠近的物体会被牵引到一起，形成一个更大的物质集合体。由这个较大集合体所产生的万有引力会吸引较远处的物体，于是这个集合体的体积和质量都在不断地连续增长。

不过，另外还有其他类型的力试图打破由万有引力引起的基本聚

1.《Exposition du Systeme du Monde》——作者注
2.土星环实际上是由3条集中的环形组成的，其间有黑暗的空间作为间隔，不过为了讨论，我们暂且将它当作一个圆环。——作者注

合。我们知道土星环不会像一个单片刚体磁片那样旋转，内部边缘的旋转周期比外部边缘的旋转周期要短，这是行星运动的开普勒第三定律的直接结果，这个定律是说旋转周期的平方随着到旋转中心距离的立方增长。因此，当圆环中的一部分开始聚合，聚合体近中心的部分会运动得更快，外部的部分会落在后面。结果就是：形成聚合体的物质会再一次被分散在整个圆环上，刚形成不久的聚合体就这样被瓦解了。这两种力中的哪一种力可以在竞争中占上风取决于它们的相对力量大小。圆环中质量越大，各个部分间的万有引力就会越强，刚形成的聚合体会保持并增长下去的可能性比不会被瓦解的可能性要大一些。麦克斯韦将这个标准应用在土星环上，发现其中确实没有足够的质量将新形成的聚合体保持在一起，来对抗不同绕行速度的干扰作用。所以，完美！土星环不能够聚合成独立的卫星，所以它也并没有这样。

接下来的一步就是将同样的考虑应用到一个大很多的圆环上，根据康德-拉普拉斯假说，它就是围绕太阳的圆环。麦克斯韦将太阳系中所有行星的质量相加，并假设它均匀地分布在太阳周围的一个平面圆环上。他将自己的聚合标准应用到这个假想环上，结果却令人震惊，这个环不可能聚合成独立的行星。理由很简单，因为它没有足够的质量可以让万有引力将它分离成独立的行星。这个结果给康德-拉普拉斯假说致命的一击，而这一假说曾高高在上，广为流传，被人们推崇了一个多世纪之久。

全世界的理论天文学家开始寻找另一种可能，而对于行星系统形成过程的另一种唯一的合理解释是由英国的雅各·琴爵士和美国的F·R·莫尔顿以及T·C·钱伯林独立提出的。这个替代方案被称为"碰撞假说"，它假设远古的某一时刻，我们的太阳与其他一些大小相等的恒星撞击了,不一定发生了直接碰撞,但是这两个天体彼此必须足够靠近,这样相互间的万有引力就可以将彼此气态物质的大火舌拉出,连接在一起,形成一个可以暂时联结彼此的桥梁。当两颗恒星在太空飞行中再次分离时,这个暂时的桥梁可能已经分裂成了许多球状体,其中一半与太阳一起存在并聚合成行星,另一半则被另一个恒星带走了。

从一开始,碰撞假说就遇到了一些严峻的考验。它最主要的困难在于,在这种碰撞过程中形成的行星应该会沿着被严重拉长的椭圆轨道运行,而我们知道行星轨道虽然是椭圆形,但是与圆形的轨道偏差很小,并且不可能理解为何如此拉长的椭圆轨道可以变化为近似的圆形轨道。

魏茨泽克理论

1943年秋天,行星起源理论的戈尔迪之结最终被一位年轻的德国物理学家所切断,这位物理学家名叫卡尔·冯·魏茨泽克。通过运用最近天体物理学研究获得的新信息,他可以说明原先所有推翻康德——拉普拉斯假说的异议将会被轻松地消除,并且沿着这些方向前行,可以建立行星起源的一个细致的理论,它可以解释以往任何旧理论都不曾涉及的许多重要行星系统的特征。

魏茨泽克可以完成这件事主要得益于,在之前的20年中,天体物理学家完全改变了他们关于宇宙中物质的化学组成的想法。在此之前,人们普遍认为,形成太阳以及所有其他恒星的化学元素在这些天体中所占的比例与它们在地球上所占的比例大致相同。地球化学分析告诉我们,地球主要是由氧(以各种氧化物的形式)、硅、铝、铁以及少量其他重核元素组成。较轻气体比如氢气和氦气（以及其他所谓的"稀有气体"，比如氖气、氩气等）在地球上存在的数量是极其少的[1]。

在没有更好的证据出现时，天文学家假设这些气体在太阳以及其他恒星的组成中也非常罕见。然而，对于恒星结构更多细致的理论研究使得丹麦天体物理学家B·斯特龙根得出一个结论：上述这种假设是相当不正确的。事实上，我们的太阳中至少有35%的物质都是纯氢气。之后，这个估计值上升超过了50%。同时研究还发现：太阳的其他成分中，有相当一部分是纯氦气。对太阳内部的理论研究（以M·史瓦西的重要工作为终结）以及对太阳表面更多精细的光谱分析，都将天体物理学家导向一个惊人的结论，这个结论就是：组成地球的普通化学元素只占太阳质量的1%左右，太阳质量剩下的部分几乎平均分配在氢气和氦气上，前者略占优势。显而易见，这个分析同样适用于其他恒星的组成。

进一步来说，现在人们知道星际空间并不是完全的空无一物，它中间填充了气体和细粉尘的混合物，空间中物质的平均密度每100万立方英里大约为1毫克（0.000035盎司）。很明显，这种扩散而且稀薄的物质与太阳和其他恒星具有相同的化学组成。

尽管它的密度非常低，但是这种星际物质的存在可以轻易地被证明，因为它对于来自遥远恒星发出的光产生了明显的选择性吸收。这些恒星发出的光需要在空间中穿梭成百上千光年[2]才能进入我们的望远镜。这些"星际吸收谱线"的密度和位置使我们能够很可靠地估计这

1.氢元素在我们的星球上主要是以与氧结合成水的形式出现。但是所有人都知道，尽管水覆盖了地球表面积的3/4，但是水的总质量相比于地球整个球体的质量还是非常小的。——作者注

2.一光年大约为6万亿英里。——作者注

种扩散物质的密度，同时可以表明这种扩散物质几乎完全是由氢气和氦气组成。事实上，那些粉尘是由各种"陆地"物质的微小粒子（直径大约为0.00004英寸）构成，不超过其总质量的1%。

回到魏茨泽克理论的基本思想，我们可以说这个关于宇宙物质化学组成的新知识将直接联系到康德-拉普拉斯假说当中。事实上，如果太阳的原始气态包络最初就是由这些物质形成，那么，其中只有一小部分代表较重的陆地元素，可以用来建造我们的地球以及其他行星。其余的部分，以不凝的氢气和氦气为代表，一定是通过某种方式移除了，要么进入太阳内部，要么被分散到周围的星际空间。由于第一种可能性可能会导致太阳以比实际更快的速度沿轴旋转，所以我们不得不接受另外一种可能性，即这些气体的"余料"在"陆地"成分形成了行星之后不久就迅速在空间中分散开来。

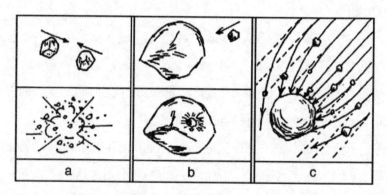

图1. 如何通过增长形成行星

基于以上这些事实，行星系统形成的新画面出现了。当太阳首先由星际物质汇聚而成之后，星际物质的大部分，可能是现在所有行星质量总和的上百倍左右，留在了太阳的外面，形成了一个巨大的绕行包络（可以在汇聚成原始太阳的各种不同星际气体绕行状态的差异中轻易地发现这种行为的原因）。这个快速绕行的包络应当被可视化为由不可凝气体（氢气、氦气以及少量的其他气体）以及各种陆地物质的粉尘颗粒（比如铁的氧化物、硅的化合物、水滴和冰晶体）所组成，这些粉尘在气体中飘浮着并随着气体做旋转运动。而大块"地质"物体的形成，现在我们将其称为"行星"，一定是由于粉尘颗粒之间的相互碰撞并逐渐聚集成越来越大的物体所造成的。图1所示的就是这种碰撞的结果，碰撞一定是在与陨石速度相当的情况下发生。

在逻辑推理的基础上，应当得出结论：在这样的速度下，两个质量相等的粒子高速碰撞的结果将导致它们双方粉碎（图1a），这并不是一个通向成长为大块物质的方向，而是撞击粒子的毁灭。另一方面，当一颗小粒子与比它大得多的粒子撞击时（图1b），很明显，较小的粒子将会把自己埋进较大的粒子里面，于是形成了一个新粒子，它的质量稍微大一些。

很明显，这两个过程都会导致较小粒子逐渐消失，并且这些物质会聚合成更大的质量块。在后面的阶段，这一过程会被加速，因为较大的质量块会在万有引力的作用下吸引经过的较小粒子，添加到它们自己的生长体上。这一过程如图1c中所示，这表明随着这个过程的进行，大质量块可以越来越有效地捕捉到小粒子。

魏茨泽克能够证明：原来散布在整个行星系统所占据的空间的细粉尘，它们一定是先聚合成一些较大的质量块然后才形成行星的，这个过程大约花费了1亿年。

只要行星是通过不同大小的宇宙物质在绕太阳运行的过程中积累而增长起来的，那么，新建筑材料不断地撞击行星的表面，一定会使它们的温度非常高。然而，一旦星际灰尘、卵石以及更大的岩石的供应耗尽时,增长的过程就会停止,进入星际空间的辐射会很快地将新形成天体的最外层部分降温,导致一个固体地壳的形成,并且地壳会随着内部持续进行的缓慢降温而变得越来越厚。

行星距离

说到行星起源理论,需要解释的另一个重要观点是一个特殊规则(被称为"提丢斯–波得定则"),它决定着不同行星到太阳的距离。下面的表格给出了太阳系9大行星[1]的距离以及小行星带间的距离。最后一列的数据有一些特殊含义,尽管数据是各不相同的,但是很明显每一个数值都接近数字2,这使我们能够将其整理成一个近似的规则:每个行星轨道的半径大约是离太阳最近的轨道半径的2倍。

行星到太阳的距离		
行 星	行星到太阳的距离(以地球到太阳的距离为基准)	每颗行星与上一行星到太阳距离的比值
水星	0.387	
金星	0.723	1.86
地球	1.000	1.38
火星	1.524	1.52
小行星	约为2.7	1.77
木星	5.203	1.92
土星	9.539	1.83
天王星	19.191	2.001
海王星	30.07	1.56
冥王星	39.52	1.31

有趣的是,对于单个行星的卫星,它们也遵循着一个相似的规律,下表可以证明这一事实,表格中给出了土星已知的9颗卫星之间的

1.第9颗行星冥王星,被认为起源较近,它是海王星的一颗逃逸的卫星(参见第三章)。——作者注

相对距离。

对于行星自身的情况，数据上存在着较大的偏差（尤其对于卫星菲比而言！），但是，毫无疑问的是，似乎有很明确的趋势表明，行星与卫星之间也遵循着同样的规则。

土星的卫星到土星的距离		
卫 星	土星的卫星到土星的距离 （以土星半径为基准）	连续两段距离的 增量比
米玛斯	3.11	
恩克拉多思	3.99	1.28
特提斯	4.94	1.24
狄俄涅	6.33	1.28
瑞亚	8.84	1.39
提坦	20.48	2.31
海伯利安	24.82	1.21
亚佩特斯	59.68	2.40
菲比	216.8	3.63

我们如何解释这样一个事实：环绕在太阳周围的原始尘埃云中所发生的聚集过程之后，为什么在一颗巨大的行星中并没有占据首位呢？这就是为什么在离太阳这么远的地方形成了许多大的质量块。

为了回答这个问题，我们需要开展一个更详尽的调查——有关原始尘埃云中所发生的运动。首先我们必须记得每一个物质体——无论是微小的尘埃粒子，小陨石或者还是一颗大行星——在太阳周围移动是必然的，根据牛顿引力定律，形成了一个以太阳为焦点的椭圆形轨道。如果形成行星的物质原来是以分散的粒子形式存在的，比如直径为0.00004英寸的粒子[1]，那么，大约有10^{45}个粒子一定会在大小和伸长

1.这个数据是形成星际物质的尘埃粒子的近似值。——作者注

率不同的所有椭圆轨道上运动。很显然，在如此拥堵的交通环境下，独立的粒子之间肯定发生过无数次碰撞，这种碰撞的结果是：整个粒子群的运动在某种程度上一定会变得井然有序。事实上，密集的碰撞要么会将"交通违规者"变得粉碎，要么迫使它们"绕行"到不太拥挤的"交通车道"上。那么，是什么样的规则来管理如此有规律的交通或者至少部分有规律的交通呢？

要解决这个问题，首先我们要选择一组粒子，它们绕太阳旋转的周期都是相同的。其中的一些粒子沿着对应半径的圆形轨道在运动，而另一些粒子的轨迹是各种或长或短的椭圆形轨道（图2a）。现在我们试图从坐标系X–Y的角度来描述这些不同粒子的运动，这个坐标系以太阳为中心，与粒子的绕行周期一致（图2b）。

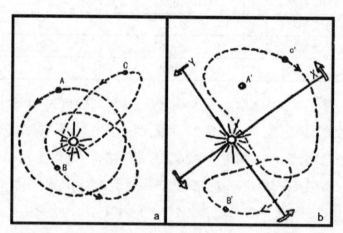

图2.（a）从一个静止的坐标系来看圆形运动；（b）从一个旋转的坐标系来看椭圆形运动

首先，从这个旋转坐标系的角度来看，沿着圆形轨道运动的A粒子看起来将会完全静止在某个A'点上。沿着椭圆轨迹绕日运行的粒子B

距离太阳越来越近或者越来越远,它对于原点的角速度会先变大后减小。因此,它有时会跑到匀速转动的X–Y坐标系前面,有时也会落在后面。不难看出,从这个坐标系的角度来看,粒子B的轨迹很像是一个闭合的豆状轨迹,在图2b中用B'标出。在X–Y系统中可以看到,在更细长的椭圆轨道上运行的另一个粒子C,它描绘出一个类似但更大一些的豆状轨迹C'。

现在就清晰了,如果我们想把整群粒子的运动都安排好,这样它们彼此间就不会发生碰撞,那么,必须使这些粒子在匀速旋转的坐标系X–Y中所描绘的豆状轨迹间不发生交叉。

应当还记得绕着太阳有共同旋转周期的粒子会与太阳保持相同的平均距离,所以我们会发现,在X–Y坐标系中轨迹不相交的模式一定看起来很像环绕太阳的"豆项链"。

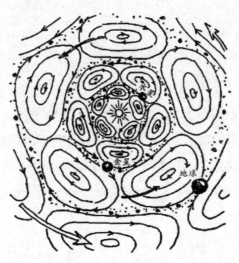

图3. 原始太阳能包络中尘埃的"行车道"

上述分析虽然以相当简单的过程描述出来,但对于读者来说也许有点难，不过它的目的在于说明每组粒子以互不相干的交通模式移动，它们距离太阳的平均距离相同，所以，每组粒子具有相同的绕行周期。由于在起始的太阳周围环绕的这些原始尘埃粒子之间，我们可以获得所有不同的平均距离以及对应的所有不同的绕行周期，所以，真实的情况一定会更复杂一些。不仅仅是一条"豆项链"，一定有无数条这样的"项链"相对于彼此以不同的速度绕行。魏茨泽克通过对这种情形的细致分析可以得出，要使一个这样的系统保持稳定，每条分离的"项链"应当具有5个分离的涡流系统，于是，整体运动图一定很像图3所示的场景。这样的安排可以保证每条独立环上的"交通安全"，但是由于这些环以不同的周期旋转，当一个环碰触到另一个环上时，一定会发生"交通事故"。一条环与相邻环的边界区域相互间发生的大量碰撞一定是聚合过程的成因，也是距离太阳特定距离的质量块增长得越来越大的原因。因此，通过每个环内物质逐渐减少的过程以及环间边界区域物质积累的过程，行星终于形成了。

这幅行星系统形成的图为我们提供了一个关于行星轨道半径规则的简单解释。事实上，用简单的几何学来考虑图3所示类型的模式，相邻环连续边界线的半径形成了一个简单的几何级数，每一条都是前一条的两倍大。我们也可以看到，为什么不能期望这条规则非常精确。事实上，这个规律并不是统治原始尘埃云中粒子运动严格定律的产物，而是更应当被认为是，如果不以这种特定的趋势运行，尘埃交通状况就会十分不规则。

同样的规则对于我们的系统中不同行星的卫星也是适用的，这一事实表明，卫星的形成过程也是大致沿着相同的轨迹。当太阳周围的原始尘埃云为了形成独立的行星而被分裂成几组不同的粒子群，在

20

每种情况下，这个过程都会重复，大多数物质聚合在中心并形成了行星的实体，而剩下的粒子环绕着它并逐渐聚合成许多卫星。而地球的卫星——月球，它的形成可能是一个特例，这一点我们将在第二章讨论。

对于粒子间相互碰撞以及尘埃粒子的增长进行了以上所有讨论，但是我们忘记说明原始太阳系包络中的气态部分发生了什么。读者也许还记得，它们最初占其总质量的99%。这个问题的答案就相对简单了。

图4. 当太阳达到最亮时，太阳辐射的压力驱使着原行星的氢−氦物质包络进入太空空间当中，将原行星的固体核心显现出来。这张图并没有刻意按照几何尺寸和比例来画，因为它意图涉及银河系内数10亿行星系统中的任何一个

当尘埃粒子相互之间发生碰撞而形成越来越大的物质块时，无法参与这个过程的气体会逐渐消散到星际空间中。它可以通过一个相对简单的计算而显示出来，这个扩散所需的时间大约为1亿年，与形成行星所需的时间大致相同。因此，当行星最终形成之时，形成了原

始太阳包络的大部分氢气和氦气一定已经从太阳系中逃逸出去，只留下可以忽略不计的小痕迹，这些痕迹被称为"黄道光"。

行星系统起源的魏茨泽克理论之后被美籍荷兰天文学家杰拉尔德·柯伊伯所修改。根据他的观点，原始太阳周围模糊环状星云发生的聚合要比太阳本身的聚合快一些。因此，行星一定是在黑暗中诞生的，这时太阳产能机制还未开始运作。在这样的环境下，原始环中的氢气和氦气一定还被聚合的尘埃粒子所保留，并形成了比行星本身重几百倍的大规模的行星大气层。这些"原行星"，柯伊伯这样称，围绕着缓慢聚合的太阳，直到在太阳内部开始有核反应发生，然后开始向周围空间发散出强烈的辐射。当太阳开始发光后，辐射中的光压会将原行星的气态大气挤出太阳系，有一段时间，原行星就会像巨大的彗星一样，带着逃逸的氢气和氦气的浓密尾巴。对于水星、金星、地球以及火星这些距离太阳最近的行星来说，原始气态大气的消散已经完成，并且我们脚下站着的坚硬岩石球体表面曾经是其中一颗原行星的内核。对于木星、土星以及其他远离太阳的行星，原始氢气-氦气大气的一部分被吹走了，然而，在中心固态核心的万有引力作用下，剩下的部分被保留下来。这些外部行星上大量气态大气的存在，这就解释了这样一个事实：它们的平均密度（根据观测到的直径和质量计算得出）远低于地球等内部行星的平均密度。

行星	平均密度	行星	平均密度
水星	3.8	木星	1.3
金星	4.9	土星	0.7
地球	5.5	天王星	1.3
火星	4.0	海王星	1.6

适宜生存的世界的多样性

从魏茨泽克理论得到的一个重要推论是：行星系统的形成并不是一个特例，而是在所有恒星的形成过程中必然会发生的。这个结论与碰撞理论的结论形成鲜明的对比，碰撞理论认为行星形成的过程在宇宙历史上是非常特殊的。事实上，应当产生行星系统的星际碰撞被认为是极其罕见的事件，银河中形成我们星际系统的400亿颗恒星中，在银河存在的几十亿年间只发生了少数这样的碰撞。

现在看来，如果每颗恒星都具有一个行星系统，那么，仅在我们的银河系中，就一定有数以百万计的行星和我们的地球具有几乎一致的物理条件。如此一来，如果生命——甚至是生命的最高形态——不能在这些适宜居住的世界中得到发展，那至少也是十分奇怪的。

事实上，生命的最简单形态，比如不同种类的病毒，实际上只不过主要是由碳原子、氢原子、氧原子以及氮原子组成的复杂分子，这些元素一定会在任何新形成的行星表面足够的丰富。我们必须相信，早在固体地壳形成之后以及大气中水蒸气沉降形成了广阔的水库之后，少数这样的分子一定出现过，所需的原子会恰好在必要的排列顺序下，偶然地组合在一起。可以肯定的是，由于生命分子的复杂性，意外形成这种分子的可能性极其地低，我们可以将这个事件类比于将所有拼图碎块放在盒子里，通过摇晃盒子就把它们恰巧地按照适当方式排列好的可能性。但是，从另一方面来说，我们一定不能忘记数量巨大的原子在不断地与另一个原子发生碰撞，并且也有足够多的时间让它们达到必要的结果。地球上出现生命的时间紧随于地壳形成的时间，虽然看起来不大可能，这个事实说明，一个复杂的有机分子的偶然形成或许只需要几亿年。一旦新形成的行星表面出现了生命的最简单形态，有机繁殖过程以及逐渐进化过程将会导致越来越复杂的有机生命形态的出现。在其他不同"适宜生存"的行星上的生命进化轨迹是否与我们地球上的进化轨迹一致，对此我们目前不得而知。对于不同世界上生命的研究将会从本质上帮助我们理解进化过程。

我们也许能够在不远的将来，通过乘坐宇宙飞船到火星和金星（太阳系中最"适宜生存"的行星）上旅行，研究它们上面或许存在的生命形式，但是其他星际世界中可能存在的生命形式也许会是科学上一个永远也无法解答的问题。

当然我们可以说，随着未来火箭技术的发展，我们有时能够访问其他恒星并熟悉遥远的行星系统上居住的生命。不过，老年的恩里科·费米提出了一个强有力的观点来推翻这个可能性。如果在银河的星际系统中存在着数十亿个可居住的行星，那么它们应当处于进化过程的不同阶段，因为进化的速率一定是由存在于这些遥远世界中的特殊物质条件所决定的。进化速率几个百分点的差别就会造成遥远可居住世界上的生命进化程度百万年的差距。因此，分散在银河系的一些行星系统上，生命也许仍处在前哺乳动物阶段，而另一些行星系统中，可能几百万年前就已经出现了像我们这样的其他智慧生物，那么，到目前为止，和我们相比，他们的科学技术发展水平已经更加完善。所以，就算星际飞船的通信是可能实现的，那也是这些进化更完备的世界上的居民首先到地球上来拜访我们。而事实上，我们并没有来自外太空的客人（除了飞碟，这纯粹是个谎言），这个事实告诉我们，在地球上的人类也许永远无法到达其他恒星。

然而，对于发现可能居住在其他世界中高等智能生物的存在还有可能性。它们也许发明了强大的星际无线电通信电台，如果是这样的话，我们记录来自遥远恒星和恒星星系无线电噪声的无线电望远镜就可能接收到像摩斯密码一样的无线电信号，这些信号不能以自然的方式产生，就只能归因于来自智能生物的成果。不过，到目前为止，并没有发现这种伴随宇宙无线电波的信号来到地球。

第二章　忠诚陪伴我们的月亮

海洋潮汐

月亮除了具有众所周知的浪漫气息以及与之相关的一些神话和迷信之外，它还是海洋潮汐现象的成因。一天中有两次，海洋表面会上升几英尺，然后会再次回落。随着开放海岸线的涨潮和落潮，从而导致海岸沙滩区域周期性地扩大和缩小，岸边的岩石也会周期性地被海水淹没或者暴露出来。但是，在特殊情况下，当涨起的海水进入狭窄的海湾或河流入口时，就会有相当剧烈的事情发生。举例来说，太平洋海水涨潮后会挤进亚马逊流域的入口，就会出现大自然洪荒之力最壮观的景象之一。

建立万有引力理论的艾萨克·牛顿首先对潮汐现象进行了解释：潮汐是由于月亮和太阳的万有引力作用在海水上而形成的。尽管太阳的质量比月球的质量大得多，但是它比月球远得多，所以产生的潮汐力大约是月球产生的潮汐力的一半左右。当太阳和月球与地球成一条直线时，即在新月和满月期间，它们都会使海水聚集在一起并引起更高的潮汐。另一方面，在一个月的第一周和最后一周，月亮看起来是个月牙，此时它作用在海水上的力与太阳作用的方向相反，这样潮汐就会较低。

乍一看，似乎很难理解为什么每天会有两次涨潮。如果月球对于海洋有引力，那么看起来，地球朝向月球这边的海平面会上升，而另一边的海平面会下落。为什么不是这样，而是两边的海平面都隆起了？这个看上去矛盾的现象的解释是基于月球和地球相对运动的事实，它们

29

在空间中都是自由的。如果月球被固定在地球大陆上一座巨大的铁塔顶端，那么，这一半球将会永久性地处于涨潮状态，而另一半球将会永久性地处于落潮状态。但是，由于两个天体在空间中是自由运动的，它们都以同一个引力中心，也就是接近地球中心的位置旋转（这是由于地球的质量比月球大很多）。事实上，月球和地球共同的旋转中心位于地球中心到其表面3/4左右的位置（图5）。

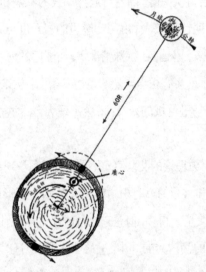

图5. 地球和月球按照一个共同的质量中心旋转

　　由于地球也像月球一样围绕着这个中心转动，所以相比于月球固定在塔顶的静态情况，真实情形会动态得多。为了了解真实情形下会发生什么，我们必须考虑月球的万有引力对于它们的作用：(1) 朝向月球的海平面；(2) 地球的固态地壳；(3) 另一边海平面。由于万有引力随着距离的增加而减小，所以对于(1)的作用最显著，对于(2)的作用较小，对于(3)的作用更小。因此，在月球万有引力的作用下，朝向月球的海平面的万有引力位移将会大于固态球体的万有引力位移，所以这一侧的海洋水位就会升到海底之上。不过，同样的，地球球体向月球方向的位移将会大于另一侧海水的位移。可以这么说，这一侧将会被拉回海平面之下。当然，用相对运动来表达的话，这意味着，相反这一侧的海洋水位也将升高到海底之上。

岩石潮汐

潮汐力的影响并不仅限于对于地球上包络水体的周期性扰动，地球的岩石体本身也被作用在其相对侧面的不均匀引力周期性地拉近和推开。由于地球体自身的变形很明显会比其上包络的水体变形小很多，所以"岩石潮汐"一定会比海洋潮汐现象微弱，而且，我们在海岸上所观察到的海平面上涨以及下落一定是两个潮汐高度的差值。虽然我们可以轻易地测量出这个差值，但是测量出两种潮汐单独的高度是十分困难的。事实上，由于地球的潮汐变形是环绕观察者的整个表面周期性地上升和下落，所以岩石的潮汐不能被站在地面上的观察者所察觉到，就像在漫无边际的海洋上，乘船的观察者察觉不到海洋潮汐一样。一种估算地球上岩石潮汐高度的方法是基于牛顿定律计算出的预计海洋潮汐高度，再将这个数值与观测到的海洋和陆地水平的相对高度进行比较。不幸的是，如果地球是光滑规则的球体的话，对于海洋潮汐的理论计算将会非常简单，但是，我们必须将所有海岸的不规则形状以及海洋盆地的不同深度考虑进去，这将使得计算变得超乎寻常地困难。

这个难题被美国物理学家阿尔伯特·A·迈克尔逊以一种非常巧

妙的方式解决了，他提议研究在太阳和月球引力的作用下相对较小水体的"微型潮汐"。他的装置是由一个精确刻度的铁管组成，大约500英尺长，其中一半填满了水。在太阳和月球万有引力的作用下，这个管的水面与海洋的水面行为会完全一致，周期性地改变它向空间中固定方向的倾向。

比如说，由于这个"迈克尔逊海洋"的线性几何尺寸要比太平洋小很多（500英尺对应1万英里），所以，同样的表面倾向只会引起管另一端水面微小的竖直位移，小到用肉眼几乎观察不到的程度。迈克尔逊使用一个敏感的光学仪器，他可以观测到水面的这些微小变化，在它们达到极值的时候，只有0.00002英寸。尽管"微型潮汐"的尺寸很小，他还是能够观察到在我们地球的大型海洋盆地上常见的所有现象，比如，在新月期间发生的异常高水平的潮汐现象。

他将"微型潮汐"中所观测到的潮汐高度值与理论值做比较，这种简单情形的理论值可以被轻易计算出来，于是，迈克尔逊注意到它们仅占预期效果的69%，很明显，剩下的31%是由地球固体表面的潮汐位移所补偿的，而迈克尔逊管就是安装固定在地球固体表面。因此，他得出结论，所观测到的海洋潮汐一定仅占水面上升总量的69%，又由于开放海面涨潮量大约为2.5英尺高[1]，所以水面上升总量一定在3.6英尺左右。

总潮汐剩余的这1.1英尺很显然是由对应的刚性地壳的上下运动所补偿的，它导致海岸上的观察者只能明显地看到2.5英尺的高差。因此，虽然感觉很奇怪，但是我们脚下的土地以及它表面上所有的城市、

1.这个数据是从太平洋上一个孤立的岛屿上测量出来的，这个数值太小，所以不会对海水运动产生明显的影响。——作者注

山坡和高山都在周期性地上升和下降。每晚，当月亮在天空中高高地挂起时，地表被抬高；而当月亮落到地平线之下，地表再次沉落。地表第二次上升的时候也是月亮就在我们脚下的时刻，可以这么说，它将我们之下的整个地球往下拉长了。不言而喻，这个上升和下降的过程进行得如此顺利，以至于即使用最灵敏的物理仪器也无法直接检测到它。岩石中潮汐大约是海洋潮汐的1/4左右，这一事实表明，我们的地球具有相对较高的刚性，并且应用弹性理论，通过这些数据，我们可以把地球当作一个整体来计算它的刚性。通过这个计算，著名的英国物理学家开尔文勋爵是第一个得出以下结论的人，他得出的结论是：地球体的刚性如同它是由优质钢材制成的一样高。

月球上的潮汐

正如月球的万有引力在海洋和地球上会产生潮汐，地球对于月球的万有引力也应当在月球上产生潮汐。由于月球上没有海洋，所以月球潮汐作用仅限于在它的固态球体上发生。而且，由于月球总是一面朝向地球，所以月球的潮汐变形相对于月球本身应当是固定的。

由于潮汐力与受扰动天体的质量成正比，所以如果月球完全是由液体组成并且是可以变形的，那么，月球上的潮汐应当有150英尺高。实际上，对于月球形状的细致研究表明，它在地球的方向上是被拉长的，但是这个拉长量比现在地球和月球的间距所预期的拉长量多出将近30倍。这个事实有力地说明了现在所观测到的月球潮汐变形对应着月球距离地球比现在更近的那个时期。在发展变化的时期，很显然，月球本身的刚性太强，所以不允许进一步的变形了。尽管月球距离在增加，产生潮汐的引力也相应地减小，但是潮汐被"冻结"了，并且从此以后不会发生变化。"冻结潮汐"的存在是月球相对于地球而言，具有极高刚性的证据。即使是现在，地球的固体地壳变形还在不断地发生。

因此，似乎可以确定，月球的地壳比地球的地壳厚太多，我们的这颗卫星很可能从表面到中心都是固体。这个结果很容易理解，因为相对于地球来说，月球一定冷却得快得多，因为它的质量比较小。

众所周知，月球上没有水，但是如果它的表面的一半被海洋所覆盖着，那么它的地理将显示出一个非常奇特的景象——由冻结潮汐形成的一个几近圆形的大陆，正处在圆盘的中央，另一个形状相同的大陆在另一边则与它相对（图6）。海洋会相对较浅，在月球可见的边缘，最大深度大约2 500英尺，而大陆会缓慢地从海岸线开始上升到中心处的最高点，海拔大约2 500英尺的位置。由于水要比普通岩石的反射能力小，所以我们会看到月球中央明亮的陆地表面被一圈相对较暗的海水包围。绞尽脑汁试图记住地球复杂表面上所有的海洋、海湾、半岛以

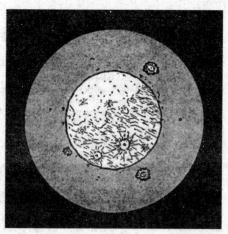

图6. 如果月球表面上有水存在的话，我们也许可以看到类似这样的图像。中心处的亮圈将是两块月球大陆其中之一

及海峡名字的中学生们，就喜欢月球这样的地理！

潮汐和年龄

"潮汐和年龄"是英国天文学家乔治·达尔文于19世纪末出版的一本书的题目，他是著名的生物学家查尔斯·达尔文之子。在这本书中，达尔文讨论了数十亿年的时间跨度内，潮汐可能对地球和月球的运动产生什么影响的问题，涵盖了地球的地理史。

让我们从外部来观察地-月系统，比如，从火星上。我们会观察到地球在24小时内会自转一圈。与此同时，月球在绕着地球转动，旋转一周的周期是1个月，或者更准确地说，$29\frac{1}{2}$天。地球海洋两处潮汐隆起的部分稳定地处在正对着月球以及背离月球的位置，而地球在其中旋转就像轮子在刹车装置之间转动一样。上一句中的刹车装置的概念并不仅仅是形式上像而已，事实上，地球周围每天流动的潮汐浪潮确实会给地球的自转造成减速的影响。海水的内部摩擦，海水与海底之间的摩擦（尤其是在较浅的位置）以及涨潮的海水对阻碍它前行的大陆的撞击，都会损失相当多的能量，结果导致地球自转的速度减慢。因此，每一天会比前一天长一点点。事实上，通过精确的天文学测量，每天会比前一天长0.00000002秒。虽然这个数字很小，但是它的效果是累积的，经历许多年之后，天文时间表将会最终显示出这个累积误差。

超过100年的精确天文学观测将这个延长清晰地显示出来。如果每一天比前一天长0.00000002秒，那么，100年前（即36 525天）一天的长度比现在短0.00073秒。因此，100年前和现在，取平均值是1/2×0.00073=0.00036秒，即当天的长度比目前短0.00036秒。又因为36

525天已经过去了，所以累积的时间误差为36525×0.00036，即13秒。

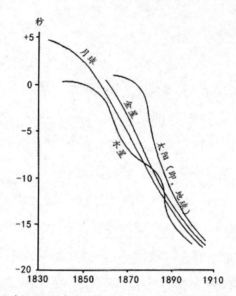

图7. 观测到和预测的各个星体运动之间的时间差异图。事实上，这4
条曲线并不重合（但是如果差异是由于地球自转的变缓所造成的），
可能是因为观测以及理论计算中出现的细微误差

　　每100年13秒，这是一个小数字，它也在天文学观测和计算的精度
范围内。事实上，这个地球自转的旋转速度变慢解释了一个差异，这一
点困惑了天文学家许久。将太阳、月球、水星以及金星的位置与"固定
位置"的恒星相比，天文学家发现对比于100年前基于天体力学计算得
到的位置，整个系统似乎都超前了（图7）。如果电视节目比你预想的早
15分钟开始；如果你在商店关门前不到15分钟的时候就到达了商店，
却发现它已经关门了；如果你确定不会误点却没赶上火车。你一定不会
去责怪电视台、商店和火车站，而会归因于你的手表，你会意识到它可
能慢了15分钟。类似的，计时天文时间中的13秒时间差应该归因于地球
的减速，而不是所有天体运转的加速。直到意识到了地球自转的变缓，

天文学家才将地球作为完美的时钟。现在,他们会留意并将潮汐摩擦结果所需的修正补充进去。

如果地球自转减慢,那么它的角动量(地球质量、半径以及旋转速度的乘积)也会减小。为了满足牛顿力学的基本定律,即独立系统的角动量守恒定律,那么环绕地球的月球的角动量也会增加。因此,月球一定会逐渐远离地球,沿着一条展开的螺旋形轨道运动(图8)。通过观测地球自转减慢的速率,我们可以得知月球远离地球的速度。结果是,每当我们看到一次新月,它与我们的距离就比上一次远了4英寸。当然,每个月4英寸并不是一个很远的距离,地月平均距离有238 857英里。但是,在此我们再一次关心的是这种远离在很长的地质时期内所造成的影响。如果月球远离地球,即使非常缓慢,那么它在遥远的过去离我们更近。乔治·达尔文计算得出,事实上,大约在45亿年以前,月球在轨运动时是一定会接触到地球表面的。而且,他指出,当时一天的时间(即地球自转1周的时间)仅有5小时,而月球的旋转周期(即1个月的时间)也是5小时。因此,回溯到45亿年前,我们会发现月球围绕地球的轨道高度与现今人造卫星运行的轨道高度相当。不过,最大的区别在于,那时的地球自转快多了,因此,会形成一个更拉长的椭球体。

于是,我们会问乔治·达尔文,为什么我们不能假设在那之前地球和月球就组成了一个天体,后来它被分成了两部分,大一点的天体就变成了地球,小一点的天体就形成了月球。如果真的是那样,那么,经历裂变的原天体就可以被公正地叫作"地月球"或是"月地球"。什么力会产生如此这般的分裂呢?如果月球是地球的一部分,那么,当然一定没有月球潮汐。但是,"地月球"(或"月地球")半熔融的年轻身体会受到太阳潮汐的周期性作用,每5个小时表面会被提起和摁压两次。达尔文理论的一个令人振奋的原因在于: 这些潮汐变形发生的周期, 即2小时, 与天体固有的振荡周期是吻合的。事实上, 如果有两只巨型大手抓住了原始的"月地球"(或是"地月球"), 挤压或是拉伸它, 它将会以这个周期振荡一段时间。

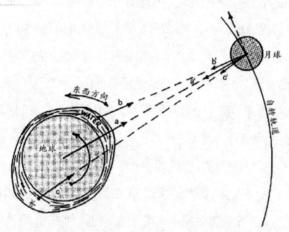

图8. 使地球的自转变缓的力以及将月球推离地球的力

当我们把广播或是电视机"频道"调到一个想要的台, 我们旋转旋钮, 从而可以改变盒子内部的电子系统振荡周期。当这个振荡周期与引入的无线电波振荡周期(一般是几千赫兹或者几兆赫兹)一致了, 接收系统就与引入的电磁波发生共振, 从电磁波获得的能量转换成声音或是荧光屏上的图像。一个更传统的例子是, 一位护士推着秋千上的孩子。为了让秋千摆得更高而且更快, 她推动秋千的节奏与秋千本身的固有频率一致。同样地, 作用在"地月球"(或"月地球")上太阳万有引力的周期性潮汐力的时间间隔对应于它的固有脉动, 因此, 将会产生共振。这个脉动会变得越来越强, 并且在某一个时间点, 初始星体可能就分裂成了地球和月球。

支持和反对的声音

回望月球这颗卫星的历史，我们会发现它非常接近地球的时期正好是通常认为的地球和行星系统大致形成的时期，而此时它绕地运行的周期与地球自转的周期恰好相同，乔治·达尔文理论的美妙在于得到了这个事实。如果地球上海洋所受到的潮汐力是不同的或者如果地球现在的自转周期不是24小时，这些巧合就都不会发生。当然，将科学理论建立在数字巧合的基础上是危险的，但是这些巧合的存在确实让我们更加倾向于确信这个理论是正确的。此外，还有其他证据独立地支持着达尔文的观点。地球的平均密度（简单来说，由地球的质量除以体积获得）是水密度的5.5倍。另一方面来说，表面岩石的密度却小很多，花岗岩的密度是2.6，玄武岩的密度是2.8。因此，结论是显而易见的，地球的内核是由某种密度明显高于5.5的物质组成的，现在普遍的假设是我们的地球具有一个沉重的铁芯。而月球的平均密度仅有3.3，一直以来的假设是它全部是由岩石组成的，在它的内部区域岩石被压缩成了稍微高一点的密度。根据达尔文理论，如果我们假设月球是从初始合成体的外层分离形成的话，就可以解释月球的组成成分中铁元素的出现。

支持达尔文的另一个观点是这样一个事实：地球的表面被分割成巨大的大陆板块以及很深的海洋盆地。大陆主要是大约20英里深的大块花岗岩石板以及位于花岗岩表面上火山爆发后形成的玄武岩碎片。20英里深处之下是一层更重的物质——玄武岩，大陆板块基于这层岩石上。另一方面，而洋底没有任何花岗岩，完全是由玄武岩形成的。

　　我们将在第四章看到，地球体本身类似于一个洋葱状的结构，它由一系列的同心壳所组成，从外到里是由连续密集的物质所组成。如果我们假设地球起初处在一个熔融的状态，就会预想到这样一个分布的结果，较重的物质沉入核心区域，较轻的物质则向表面浮动。如此一来，较轻的花岗岩形成一个均匀的薄壳分布在地球整个表面就看起来很自然了。那么我们为什么发现花岗岩仅以厚板块的形式并且仅仅覆盖了地球整个表面的大约1/4的区域呢？如果我们假设初始的"地月球"（或"月地球"）确实具有一个连续的花岗岩表面，它暴露在寒冷的周围空间中而且很早就变成了固体，就可以回答这个问题了。当月球与地球分离，一边的表面物质被带走，形成了一大片缺失花岗岩的区域（对应着太平洋），但是原始的花岗岩表面的一部分在另一边被保留了下来。剩下的花岗岩层分裂成几个碎片，漂浮着并彼此分离，穿过仍是熔融状态的玄武岩表面。当上层的玄武岩固化时，花岗岩板块就被冻成在固定位置，形成了我们今天所知的大陆板块。第五章中我们还会回到这个问题上。

　　但是，除了这些提供支持论点，也存在着许多强烈反对乔治·达尔文理论的观点。大约在100年前，法国天文学家M·洛希证明了任何以小于2.5倍行星半径为轨道半径的卫星将会在万有引力的作用下变成碎片[1]。有关洛希极限的一个很好的例子是由土星的卫星及其土星环系统所给出的。距离土星最近的卫星名叫"土卫一"，它以3.1倍行星半径的距离绕土星运行并保持完好。另一方面来说，土星环系统的外侧

1.如今，运行在上空的人造卫星轨道半径虽然低于洛希极限，但它们并没有变成碎片，这是因为它们是由金属制造，比天然卫星要结实得多。——作者注

半径是行星半径的2.3倍，而土星环保持在一个破碎的状态，是由一群细小粒子组成。

达尔文理论的反对者认为，如果月球是从初始合成体上分离出来，那么在它还有机会逃逸出洛希极限之前就已经变成碎片了。不过，我们可以对这些反对者提出异议说：当地球以5小时为周期自转时，它的赤道直径会比现在的要大很多，脱离出去的那块已经超出了危险区域。试图在这个问题上下一个定论，无论是正面的还是负面的，那么所遇到的困难在于：这个问题涉及非常复杂的数学知识。对于解决方案仅能进行十分近似的计算，而且它们的结果也是非常的不确定。确认达尔文观点正确与否的唯一办法就是将这个问题交给高速电子计算机，它可以跟进分离过程中所有错综复杂的细节。让我们盼望着这件事能早日实现吧！

那些选择不相信达尔文理论的人中，不乏像哈罗德·尤里这样的伟大科学家们。哈罗德·尤里是重氢元素的发现者，他也是诺贝尔化学奖的得主，他更倾向于假设月球是一个由于某种原因没有与其他物质一起形成地球的天体。从太阳周围的原始云汇聚成行星的过程一定是以非常低的速度进行的，大概需要上亿年的时间来完成。在此期间，飘浮在云中的细小尘埃粒子会彼此撞击，并结合在一起形成稍微大一些的固态物质。这些固体块持续地增大，变得越来越大，达到西瓜一样的大小，然后达到了圣保罗教堂的圆顶大小，之后又达到了珠穆朗玛峰的大小。根据尤里的说法，曾经有一个时期形成了上千个月球大小的物质体以不同的距离围绕着太阳旋转运行。其中有许多物质体，位于现在地球所在轨道附近轨道上运行的物质体聚集在一起，形成了我们的地球，但是其中的一个星球则错过了这个好机会，并被地球捕获成了一个永久的卫星。尤里的设想还相对较新，要经过许多年才能对其进行批判性的评价。

月球上的景观

我们用肉眼来看我们这颗卫星的表面，就像是亮部和暗部拼接而成的艺术品，形成了"人在月球上"的画面。第一个看到月球表面比那更好的人是著名的意大利科学家伽利略·伽利莱。17世纪初的某一天，伽利略得知一位名叫汉斯·利伯希的荷兰眼镜制造商制作了一个有趣的小装置，是由一个管里的一些镜片组合而成的。据说，它能使远距离的物体看起来更近，乃至一两英里之外的一棵树或者一个人都能被看清。伽利略想到，这个当时被称为"神奇管"的装置可能对天文观测有重大帮助。

伽利略亲手制作的第一个天文学望远镜是一个粗糙的构件，但即便如此，它还是能让伽利略看到比原来更多的月球表面的细节。他是第一个看到月球上山脊和巨大圆形火山坑的人。通过他的原始望远镜看到的月球上巨大的暗部是光滑而没有斑驳的，应该是一大片水体。因此，他将其称之为"玛丽亚（maria）"，就是拉丁语的"海洋"，这个名字依旧被保留着。虽然更高级的望远镜在很久以前就已经揭露出这个所谓的"月海"实际上是一大片平原，上面有许多不规则的表面坑洼以及到处散落着大量的小陨石坑。事实上，我们现在已经完全可以确定"月球上是没有水的"这个事实，并且月球的地貌比地球上最干旱的沙漠还要干燥很多。

图9. 整个月球的照片, 上面展现出了较暗的区域 ("玛丽亚") 以及月球
火山坑, 后者中的一些会发散出 "光线"
（由叶凯士天文台提供）

　　月球也不具有任何大气, 通过观察当月亮在天空中穿行, 它的前
缘使前方的星星变模糊时星星消失的方式就可以证实这一点。如果月
球表面哪怕只被薄薄的一层大气所覆盖, 那么星星在消失之前的瞬间
会闪烁, 并且在月球大气的折射作用下, 它们的表观位置会略有改变。
然而, 观测显示, 星星是瞬间消失的, 就像被雷蛇灵刃斩断了一样。而
且月球上山体所投射的阴影的尖锐程度暗示着, 月球上缺少一种能产
生黎明和黄昏的大气, 从而使阴影变得柔和很多。

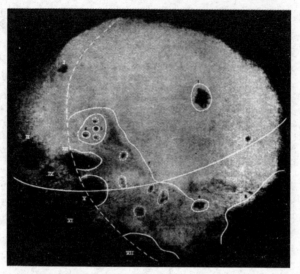

图10. 由月球三号获取的月球远端的照片。实线大圆弧和虚线大圆弧分别表示的是月球的赤道以及月球可见部分（左边）和不可见部分（右边）之间的边界。之前已经知道的月球表面的特征有：I.洪堡海；II.危海；III.界海；IV.浪海；V.史密斯海；VI.丰富海；VII.南海。新的月球表面特征：1.莫斯科海；2.宇航洞；3. 南海的延续；4. 齐尔霍夫斯基（火山坑）；5.罗蒙诺索夫（火山坑）；6.约里奥-居里（火山坑）；7.苏联山脊；8.梦海

　　图9所示是月球完全面向我们时的一张照片，其上有一些特征分明的局部地区。图10所示是从苏维埃发射的探测火箭月球三号（Lunik III）上所观测到的月球的另一面。正如我们预想的一样，两侧看起来大致相同。巨大的暗部区域是"月海"，即玛丽亚，有许多浪漫的名字用来形容这个区域，比如，宁静海（Mare Tranquillity）、澄海（Mare Serenitatis）、雨海（Mare Imbrium），而右边一大片干旱的平原被称为"暴风洋"（Oceanus Procellarum）。山脉则是各种陆地山脉的名字，于是我们有了月球阿尔卑斯山脉、亚平宁山脉、喀尔巴阡山脉以及其他种种山脉。月球景观最有特色的火山坑的名字，大多是以过去的伟大哲学家和科学家的名字来命名，比如阿里斯塔克斯、阿基米德、柏拉图、哥

白尼、第谷以及开普勒。

　　在月球的另一侧也有类似的特征,它们的名字更倾向于使用斯拉夫语。有莫斯科海、施密特海(这个是根据一位在世的影响力很大的俄罗斯天文学家的名字来命名的)、苏维埃山脉、罗蒙诺索夫火山坑(18世纪著名的俄国科学家和诗人)以及齐奥尔科夫斯基火山坑(一位俄罗斯教师,他是火箭发展和空间旅行的开拓者)。不过虽然名字各不相同,月球两边景观的特点都是一致的。

图11. 月球表面上某一部分的照片,显示出了月球火山坑的结构细节
(由叶凯士天文台提供)

　　月球地理,或是更准确地说,月面学,它的主要问题是:月球整个表面上覆盖着的大量火山口的起源(图11)。月球可以观测到的这面的最大火山坑是克拉维于斯,它是一个直径为146英里的广阔的圆形平原,它的周围被2万英尺高的斜面墙环绕。它太大了,以至于对于站在火山坑中间的观察者来说,在他看来周围所有的火山壁都会被完全隐藏于地平线以下。我们用望远镜可见的最小的火山坑比五角大楼大不了多少,而且无疑还有许多比它还小的火山坑。

月球火山坑的起源是什么呢? 它们为什么会有这么多? 直到几十年前, 人们都普遍认为月球上的火山坑是由于火山活动引起的, 就如同地球上的维苏威火山或是富士山的情况一样。但是进一步的研究表明事实并不是这样。确实, 地球上的火山坑通常呈急剧上升的圆锥状, 顶部凹陷相对较小; 而月球的火山坑更像是一个足球场, 有一个宽阔平整的运动场, 并且周围有一圈看台。这个形状的形成很难被解释成地表下熔融物质的喷发所导致的结果。另一方面, 月球火山坑与亚利桑那州的火山坑惊人的相似, 亚利桑那州的这个火山坑被证明是由于巨大的陨石撞击形成的。当一个巨大的物体以大约10英里/秒的速度撞击地面时, 在撞击的位置会产生惊人的热量。陨石本身以及它埋没在其中的地面会被融化, 并且部分还会蒸发, 在一个大圆形内向高处以及外面抛掷物质。产生于亚利桑那火山坑的这个陨石大约重20万吨, 直径大约100英尺。

像亚利桑那这么大的火山坑在月球上能看到很多, 它们几乎处于一架优质望远镜可观测的极限值, 更大的火山坑一定是由更大的陨石所造成的。阿基米德火山坑, 它的直径大约为40英里, 可能是由一个重约250亿吨的陨石撞击产生的, 而最大的月球火山坑, 克拉维于斯 (直径为146英里), 它一定是一块至少重达2 000亿吨的宇宙物质碰撞产生的结果。在后者的情况中, 陨石的直径大约为4英里, 它相当于地球上一座相当大的山峰。

为什么月球表面会被这么多火山坑所覆盖, 其中包括一些尺寸巨大的火山坑, 而地球上只有少数像亚利桑那州火山坑那样普通的较小的火山坑呢? 很明显不太可能是宇宙抛射物撞击了月球, 因为它离我们如此近, 比它们击中地球更常见。正确的解释基于这样一个事实, 因为月球表面没有大气层，月球地貌也不会受到空气和水的侵蚀，就像地球一样。在月球上几千年前，几百万年前或是几亿年前形成的一个火山坑现在看起来和它刚形成的时候没什么两样。从另一方面来说，地球表面上形成的陨石坑会被不断地侵蚀，其中的物质渐渐地就被雨水冲刷掉了。亚利桑那火山坑大约只有8 000年的历史，而且它在相当大的程度上已经被侵蚀掉了，再过个一两万年它可能就看不出来了。对于地球许多地方进行的一项区域航空考察证实了，确实存在着一些较老的流星陨石坑，这些陨石坑被侵蚀到如此程度，以至于没有游客有兴趣前去参观。

图12. 拉荷亚州的加利福尼亚大学汉斯·休斯博士收集的玻陨石

在月球这一章中还没提到所谓的"月球的眼泪"暂时就不能结束本章内容。地质学家在地球上的一些地区（一个是在巴尔干半岛上，另一个是在澳大利亚中部）捡到了非常罕见的小物体，它们的学术名称叫作"玻陨石"，这是在过去时代的不同沉积层中发现的。在1899年，"玻陨石"首次被澳大利亚地质学家爱德华·休斯发现，它是由玻璃质物质所组成的，有时很像破碎的啤酒瓶子碎片——这使得在加利福尼亚大学研究这些"玻陨石"的汉斯·休斯博士（爱德华之子），一度产生了诙谐的猜想，他认为在早期地质时期的地球上，啤酒工业一定很繁荣。许多"玻陨石"的形状就像蘑菇，它有一个规则的半球形脑袋，下面是茎状结构。从它们的形状来看（图12），我们很难逃脱这个印象：这些天体在高速穿过星际大气时，其中的一部分大气一定是被加热到了熔融的状态。澳大利亚展开的对"玻陨石"流线型的研究强有力地证明了它们来自外太空，表明了它们至少是以4英里/秒的速度进入地球大气中的。不过，我们不能将它们归类到普通陨石中，因为普通陨石要么是由镍铁合金构成，要么是由石质材料构成的。

我们的玻璃工厂通过熔化几乎是纯二氧化硅的沙粒以及少量的其他化合物来生产他们的产品。"玻陨石"有没有可能就有一个类似的起源？是不是在某种特殊的热条件下在地球之外的某个地方所形成的天然玻璃片呢？汉斯·休斯提出了一个带有奇幻色彩却有可能是事实的假设："玻陨石"可能是从月球来到地球的。当一个巨大的陨石撞击到月球表面时，喷溅出的熔融状态的硅酸盐化合物就可能会被抛入太空中。由于月球没有大气，所以喷溅物就不会受到空气阻力的影响，向上抛掷的熔融液滴就可以逃脱月球的万有引力，一直飞向地球表面。无论这是真是假，这个可能性还是非常有趣的。比如，我们可以推测，从月球火山坑向四面八方放射的神秘"射线"是由类似的玻璃质物质所组成的，它们当时被喷射到几乎水平的方向，然后又落在了月球表面。因此，获得一块形成"射线"的物质看看它到底是不是和地球上发现的"玻陨石"一样，这将是非常有趣的。

第三章　行星家族

比较行星学

在进入这本书的主题——我们的地球之前,让我们先大致了解一下太阳系的其他成员,并且将它们的物理性质与地球的物理性质进行比较。这个被称作"比较行星学"的内容会帮助我们理解地球的特性,正如比较解剖学可以通过将人体与蚊子和大象的有机体相比较,从而帮助生物学家更好地理解人体的构造。

我们发现一些行星,比如水星,它相比于地球来说很小,所以它们表面的万有引力也微弱到保留不住它们的大气层,于是在这些行星刚形成之后,它们的大气就完全逃逸到星际空间中了。

分子逃逸

为了理解行星是如何失去它们的大气,我们需要记住物质的气体状态不同于液态和固态的是:气体分子是自由运动的,它们以不规则的Z字型路线不间断地来回撞击其他的气体分子;而在液体和固体中,独立的分子被很强的内聚力联结在一起。因此,如果一部分气体的四周不是都被不可穿透的墙壁包围着的话,那么,它的分子将会冲向四面八方,这部分气体也会无限制地向周围空间扩张。

对于我们没有玻璃罩覆盖大气层的情况,地球的万有引力限制了这种无限制的扩张。沿着重力反方向向上运动的空气分子一定很快就会失去竖直方向的速度,正如一颗普通的子弹射击到天空中会发生的一样。然而，很明显，如果我们使用某种"超级枪杆"，使子弹的初始速度足够大从而可以克服地球的引力作用，那么这颗子弹就能逃逸进入星际空间中去，并永远不会回到地球上。由于知道地球表面的重力值，我们就可以轻松地计算出"逃逸速度"应当是7英里/秒，如今它可以通过多级火箭来实现。对于给定行星而言，它的逃逸速度与被抛射物的质量无关。也就是说，对于重达一吨甚至以上的炮弹或者最小的空气分子而言，它们的逃逸速度都是相同的。原因就是，抛射物的动能以及作用在其上的重力都是与它的质量成正比的。

因此，要判断大气分子是否会逃离地球，我们需要知道它们的运动速度。物理现象告诉我们：分子速度随着气体温度的增加而增加并且较重元素分子的运动速度较慢。例如，在水结冰的温度下，氢气、氦气、水蒸气、氖气、氧气以及二氧化碳的分子速度分别为1.12, 0.81, 0.37, 0.31, 0.28, 0.25英里/秒；而在100℃（212℉），所有这些速度会提高17%，在500℃（932℉），速度会提高68%。将这些数据与逃离地球需要的7英里/秒的速度相比较，读者就会倾向于相信，这些气体都无法从我们的大气层飞出去。

然而，这个结论不太准确，因为上述给出的分子速度只是平均值，也就是说，大多数分子是以这些速度运动的，但是总是有一少部分运动速度更慢和更快的分子。这些极快分子或者极慢分子的相对数量是由詹姆斯·克拉克·麦克斯韦的分布定律给出的。通过麦克斯韦的分布定律，我们可以计算出具有逃离地球速度的分子所占的比例是一个小得可笑的纯小数，小数点后面有200个0！但是总有一些分子是可以逃逸出去的，如果他们真的逃逸了，它们的位置就会被原来运动较慢的其他分子所填充。对于氢分子来说，这些"逃逸"的比例要大得多，因为氢分子具有更高的平均速度,而对于二氧化碳分子,这些"逃逸"的比例就小很多,因为它的平均速度较低。

因此,我们看到,通过这种逃逸过程,行星大气逐渐在被"筛选"着。很久之后,大量较重的气体被留了下来,而较轻的气体几乎完全逃逸出去了。至于"失去的大气层",并不是说某个行星可不可以失去大气的问题(只要时间充足的话,任何行星都可以失去大气!),而是在某个行星存在的时期,它是否已经失去了大气层。

行星和卫星的大气层

计算结果表明,从地球诞生以来,在这50亿年间,它很可能失去了大气中大部分的氢气和氦气,而大量较重气体的分子,如氖气、氧气、水蒸气以及二氧化碳,它们被保留了下来。这就解释了为什么氢气实际上在我们的大气环境中是缺失的,而氢元素在地球上是以水的化合物以及某些其他化合物的形式存在的。这也解释了虽然天文学证据

图13. 金星的一个相位。这颗行星发出的光是由于覆盖着它日间大气的厚厚
云层所具有的高反射能力产生的
(由叶凯士天文台提供)

表明,没有化合物形式的惰性气体——氦气在太阳、其他恒星以及星云中具有丰富的含量,但在我们的星球上却为什么如此少见。

遵循着骑士精神,我们现在应当讨论一下金星的情况,它是仅次于地球的第二颗较小的行星,其逃逸速度为6.7英里/秒,仅比地球上的逃逸速度略低一点。因此,我们认为金星上大气层仅比我们地球的更稀薄一点,并且有大量的水蒸气。由于金星比我们距离太阳近很多,所以它相应地会接收到更多的太阳辐射,大气中的水大部分会以云的形式遮挡住这位爱神的美丽面庞,永远给我们一个模糊的身影。这个云层制作的白色面纱被太阳光线照亮,使金星具有极高的表面亮度,成为行星中最亮的一颗(图13)。

图14 a. 火星的两张图片,其中一半行星是紫外光拍摄的照片,而另一半是红外光照片。由于红外线容易被大气所反射,所以,较大尺寸的红外图像显示出火星大气的范围

(由叶凯士天文台提供)

至于火星(图14),它是接下来更小的一颗行星,具有的逃逸速度仅为3.1英里/秒,我们预测其上的大气层会比我们的大气层稀薄得多,这与直接观测的结果也很吻合。图14所示是火星的两张照片,照片中的其中一半是行星在紫外线照射下拍摄的,而另一半是在红外线照射下拍摄的。由于紫外线被大气很大程度的散射,所以行星表面的细节在

54

图14 b. 火星的两张图片,连续数晚拍摄的照片。偶尔可能观察到飘浮过去的云层就像行星表面的白色小斑点,而之后的夜晚它们又完全消失了

这半幅图中根本看不到,这幅图实际上是火星大气本身的照片。将这半幅图像与另外半幅图对比一下,由红外线照射并且不会受到大气的影响,我们就可以观察到这个大气所在的范围。火星上大气层存在的另一个证据是:有时可以观察到云朵以小块白斑的形式出现在这颗行星表面。不过,这些云要比地球上的云稀薄得多,由此我们可以推断出:这颗好战星球表面的水资源相当匮乏。虽然有明确的迹象表明,在火星的地表上存在着液态水,但应当没有能和地球上海洋相较的宏大水体,火星上的水很可能是以广阔的沼泽或是浅水湖泊的形式分布。

意大利天文学家乔瓦尼·夏帕雷利观察火星表面,他发现有看起来像细长笔直的线横穿火星的表面。美国天文学家帕尔瓦西·罗维尔在他的工作成果上继续研究,也开始相信这些代表水渠的线条是由火星上的工程师所建造的。然而,近年来最新的观测结果表明:火山运河只是一个视觉幻象,这些结果我们将在本章后面进行讨论。

现在我们来说原始行星中最小的一颗,它就是水星,它的质量是地球质量的1/25,而逃逸速度仅为2.1英里/秒。水星作为这么小的一颗行星,当气体从冷却的球体释放出去的那一刻,它的大气层连同它的水源也都一并消失了。

　　同样的情形在月球上的程度则会更胜一筹（月球表面的逃逸速度只有1.5英里/秒），对于所有其他卫星以及所有小行星也是一样。提到一件很有趣的事，小行星爱洛斯上的重力如此小，以至于用一个好的弹弓向上投掷一块石头，它就会飞走而且永远不会回来！

　　当我们把目光转向更大的行星：木星、土星、天王星和海王星，它们的逃逸速度分别为38、23、13、13.6英里/秒，相应地，我们就会发现一个完全不同的状况。行星中这些巨行星的大气不仅含有氧气、氮气、水蒸气和二氧化碳，还有原本就存在的大部分氢气和氦气。

　　由于太阳上的氢比氧多得多，相应地在这些大型行星上也是如此，所有的氧元素将以水的化合物形式出现，而在大气中没有任何剩余物质，大气主要是由氮、氦和氢组成的。我们也应该可以预测到，由于氢元素的含量很充足，所以它会和碳元素以及氮元素形成有毒的沼气——甲烷以及氨气的挥发性化合物，在沉闷的大气环境中这些气体会达到饱和。事实上，通过研究从这些大型行星上反射阳光的情况，显示出由于这些气体的存在，光谱上出现了强烈的吸收谱线。另一方面，光谱分析并没有给出水蒸气存在的迹象，但它在这些行星的大气中应当是存在的。不过，水蒸气的缺失可以很容易地得到解释，这些行星的表面温度非常低（因为它们离太阳很远），所以，所有的水分子都以雪或是冰的形式沉淀下来。

图15. 木星的照片，显示出大气起源时的水平地层。木星本身的表面从来没有被看到过

（由威尔逊山天文台提供）

图16. 土星的照片，显示出与木星上很像的大气层。土星环是由大量环绕土星运行的细微颗粒所组成的

（由威尔逊山天文台提供）

　　图15和图16分别是木星和土星的照片。光环的标记来源于大气，行星固态的地壳被完全隐藏于厚厚的模糊的气体包络之下。

行星上可供生存的条件

当我们讨论其他行星上是否有可能存在生命这个问题时，我们会进入一个微妙的境地，因为我们实际上并不知道生命是什么，也不知道与地球上生命不同的生态形式中有哪些是可能存在的。毫无疑问，任何形式的生命完全不可能存在于熔融岩石的温度下（1 800°F以上），也绝不可能存在于绝对零度下（–459.6°F），所有物质在这样的温度条件下都会变得相当刚性了，但是这是个极宽泛的条件限制。如果将自己局限在地球上发现的普通生命形式上，我们就能将温度范围缩小为让组成有机体的最核心成分的水保持在液态的温度范围之间。当然，一些细菌可以在一段时间内忍受沸水而不受伤害，而北极熊和爱斯基摩人生活在永远冰冻的地区。不过，首先，这些细菌的死亡是早晚的事。其次，我们所说的是可以通过皮毛和体内自然的氧化过程保持其体温的高等生物。由此我们得知，几乎可以确定，如果海洋是永远处于沸点或者是永远冻结成固态，那么生命进化初期的最基本形式是不可能在地球上起源和发展起来的。

当然，我们可以想象，完全不同类型的活体细胞中硅有可能取代碳的位置，因此使这些细胞能够忍受相当高的温度。同样地，我们也能想象有机体中含有的是酒精而不是水，因此，在冰川温度下，它们就不会被冻僵。但是，如果这些生命形式是可能的话，我们就很难理解为什么这种"酒精体质"的动植物没有出现在极地地区以及为什么锅炉滚烫的水里完全没有"硅生命"。因此，很可能的是，宇宙中任何地方可能存在生命的条件都不会和我们地球上可能存在生命的条件相差很多。初步接受这个假设，现在让我们来调查一下太阳系中各个行星上的生存条件。

我们从外部的大型行星开始调查，必须承认在这些巨大形体上生命存在的可能性极低。正如我们所知道的，这些行星太寒冷了，而且生命不可能存在于此，还因为在它们有毒的大气环境中，既没有氧气也没有二氧化碳，而且没有水。

在较小的"内部"行星之间，水星不仅没有空气和水，而且它还距离太阳非常近，所以它日照一边的温度高到可以将铅融化！我们也许会想到，水星的两个半球中只有一面曾受到太阳光照，因为很久以前由于太阳潮汐的作用使得这颗行星的自转速度变慢，所以它总是以同一边朝向巨大的中心体。而另一半永久处于夜晚的区域上，温度远远低于水的冰点——不过上面没有水可以冻结成冰。是的，水星上不可能有生命存在！

我们只剩下两颗行星了，那就是金星和火星，它们中的一颗行星临近我们地球的内侧，而另一颗则临近地球的外侧。两颗行星的大气环境都接近于地球的大气环境，并且有确定的证据表明两颗行星上都有充足的水量。

至于考虑到的表面温度，金星总体上来说会比地球的温度高一些，而火星的温度会略低一些。由于永久覆盖在金星表面模糊的厚云层的原因，使得我们估算地表以下的温度变得相当困难，但是没有理由认为金星的温度和湿度会比地球上炎热潮湿的热带地区还要恶劣。尽管金星——就像一位谦逊温和的女人——只有在黑暗中才会卸下她的面纱，让我们很难通过视觉观察获取到有关它自转的任何确切信息，但是一些近期的雷达探测显示，金星的自转速度非常慢，大约每

225天完成一次自转,这就相当于它绕太阳公转的周期长度。如果这是真的,那么金星上就没有连续的昼夜交替,金星的一面将会永远处于黑暗之中,背朝太阳。总地来说,这个情况不那么令人鼓舞,不过,我们可以推测:至少,某种生命是可能存在于金星上的。

而金星上是否真的存在生命,这是一个完全不同的问题,第一感觉就是,这让人完全无法回答,因为没有人曾看过它的表面。不过,关于金星上存在活体细胞的某些信息,可以通过对其大气进行光谱分析而获得。行星表面任何一种植被的存在都必然会导致它的大气中含有明显的氧气浓度,因为这是植物主要的生理机能,可以分解空气中的二氧化碳,消耗的碳元素可以用于自身的生长过程,并释放出氧气。我们之后将会看到,地球大气中所有的氧气可能都是由于植物的这项工作产生的。如果发生了一场灾难,使草原和森林都从地球表面消失的话,大气中的氧气也很快就会消失,而在各种氧化的过程中被消耗殆尽。对于金星大气的光谱分析没有显示有自由的氧,不过科学家在我们的大气中检测到的氧气含量也只有1/1000这么少而已。由此,我们可以得出结论:在金星的表面不存在大量的植被。如果没有植物的话,动物生命就更不太可能了。因为,毕竟动物不能简单地通过自相残杀而活下去。另外,金星上也没有供它们呼吸的氧气。

所以,看上去可以相当肯定的是,由于种种原因,金星表面上没有进化出生命,尽管它上面的条件还是相对适宜的。这个失败也许是由于有一层厚厚的云层在它日照的那一边,这也许会阻止足够的日光穿透到表面上,以便来支持植物的成长。

在1962年8月27日,名为"水手Ⅱ"的星际空间探测器(第一个发射失败)是从美国向金星发射的。它由阿特拉斯-半人马座组合型火箭

带入太空,飞往预定于1962年12月14日与金星汇合的地点。"水手Ⅱ"重
447磅,当它被火箭抬离地面时会处于折叠状态,直径为5英尺,高度仅
不到10英尺。在进入星际空间之后,它的太阳能板和天线就会展开,
这时它的宽度会达到16.5英尺,高度为12英尺。像翅膀一样的太阳能
板——当然在真空中飞行显然不需要翅膀——是由9 800根光电管所
组成的,总共占据的面积为27平方英尺。它们会吸收太阳辐射,并将其
转换成148—222瓦特范围内的电能,这取决于它们与太阳的相对位置,
这"永远不会在太空中"。这个空间探测器包含两种无线电装置:(1)
接收地球上的"驾驶员"关于它的航迹的微小偏移的指令,"驾驶员"
可以穿过空间来观察它的进程;(2)向地球上设计并发射它的人反馈
它在航行中的发现。

"水手Ⅱ"装备着大量的不同仪器,这样在它漫长的航行中,尤
其是在12月14日,它快要接近金星的这个期间为它提供信息,此时它仅
飞行了2.09万英里左右(即地球直径的2.5倍)就到达了金星上空。微波
辐射计和红外辐射计发出了关于金星大气性质有价值的数据。在整个
飞行过程中,磁强计测量了金星的磁场强度以及宇宙空间中的磁场强
度。还有测量太阳放射的高能宇宙射线和低能量粒子的装置。最后,
"水手Ⅱ"还携带着一个"共鸣板"(5英寸×10英寸)连接着一个灵敏
的扩音器,记录下宇宙尘埃粒子极速地穿梭在行星间和星际宇宙空间
时所发生的碰撞。

这真是一个与爱神约会的安静时刻!当"水手Ⅱ"接近金星的时
候,我们对它所接收到的信号进行初步分析,得到了一个有关金星磁场
的重要结论。空间中的磁强计并没有显示出任何与地球周围环绕的磁
场相似的痕迹。这个结果完全符合地磁学起源的理论,我们将在后面

的章节中介绍。这个理论是说由于地球绕地轴快速的旋转，它的铁质地核产生了电流对流，从而产生了地球磁场。正如我们之前所提到的，金星自转的速度应当是地球自转速度的1/225。因此，金星没有快速的自转，地核中心就没有对流电流，从而也就没有磁场。

如果没有磁场存在，我们就不应当认为金星是被类似于范艾伦辐射带的区域所包围的，其中带电粒子被地球磁场捕获在范艾伦辐射带中。而且确实，"水手Ⅱ"离开地球后，携带的粒子通量探测器也没有接收到说明这种粒子带存在的辐射信号。可怜的爱神！没有指南针，没有范艾伦辐射带，也许在它的北部区域也不会出现美丽的北极光。

火星荒芜的表面

地球外侧的邻居，火星，它是唯一一颗能够被我们观察到其表面细节的行星，所以我们对它的了解远远超过所有其他行星。在它最近一次接近地球时，火星仅在3 479.7万英里之外，并且它的大气清澈而且透明，只是间或有一些小的云朵。光谱分析显示，火星大气中仅有少量的游离氧和水分存在。

由于火星的逃逸速度相对较低，现在它的大气层和地球的大气层相比，就相当的稀薄，它的大气压强仅为地球大气压强的1/10。火星上的宇航员所处的大气状况与飞行员在极高海拔时所遇到的是一样的。又因为火星大气的形成，它也很明显地失去了几乎所有的水分，行星上的气候有可能变得相当干燥。

正如通过望远镜所看到的，火星的表面看上去很光滑，没有像地球上那样明显的山脉[1]。不过，火星表面上有一些永久的印记显示出某种确定类型的景观。大约5/8的火星表面是偏红色或是偏橘色的，赋予这颗行星普遍的红色色调，于是古人就把它与战神联系在一起了。这些地区的颜色总是保持不变，可以肯定的是，它们是没有植被的辽阔岩石或沙地。火星表面另外的3/8是由蓝灰色或是绿色的区域组成的，最初认为这是巨大的水体，就像我们的大洋和海域一样。由于这种推测，这些区域到现在还保有赛壬海（Mare Sirenum）和珍珠海（Sinus Margaritifer）这样的名字。但是这些暗部区域并不是被水覆盖的表面，如果是的话，它们的颜色应当更加均匀。更重要的是，在适宜的条件下，它们应当会把太阳光线反射得发亮。反之，蓝色和绿色表明了植被的存在，而所观测到的这些颜色的季节性变化强有力地证明了这个假设。事实上，这些区域的绿色在它们所处的这半球处于春季的时候尤为明显，而随着冬季的临近，绿色渐渐褪去，而变成了黄棕色。除了我们地球上会产生这些颜色变化的植被以外，很难再想到其他的了。并且由美国天文学家G·P·柯伊伯所做的光谱分析的结果显示：这些暗部区域可能是覆盖着苔藓或地衣的平原，就像覆盖陆地岩石的植被一样。

虽然在火星表面没有发现明显的自由水体区域，但是有大量证据表明雪和冰是存在的，而且它们组成了火星极地的两顶发亮的白色帽子（图17）。当然，火星上的季节性变化在它的极冠地区最为明显。冬季期间，极冠会延伸至将近赤道一半的位置（在地球术语中，我们可以说，雪落在了波士顿地区的纬度上）。到了春

1.火星表面上如果有这种山脉，就可以通过火星上日落时分这些山脉投射的长长的影子轻易地将它们识别出来。——作者注

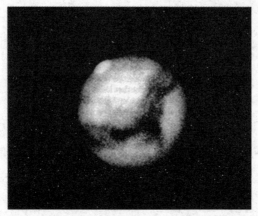

图17. 火星最接近地球时所拍摄的照片，1909年9月28日。顶部的白色斑块是极地冰冠。表面颜色较亮部分表示的是沙漠，较暗部分可能是覆盖着青苔和苔藓的低地

（由叶凯士天文台提供）

天，太阳的光线又会再次将极冠推回到极地。在南半球上，夏天最热的时候，它的南极极冠有时会完全消失。火星的北半球是较冷的半球（和地球的情况恰恰相反[1]），上面的雪从不会完全融化，只会减少到接近北极的一个小白点。火星上极冠的消失并不是由于气候变暖所引起的（我们知道火星上的气温比地球上的低），而是由于水的相对缺失造成的，这也阻止了厚冰层的形成。如果地球的极地仅形成了薄薄的冰层，那么，这些冰层在太阳的照射下会比火星极冠融化得更快一些。

对于极冠增长和融化的研究提供给我们估计火星上不同景观特征相对高度的一个有效方法。在春天，当雪线退回到极地时，一些白点还保留了一段时间，这明显地表明了那里是高海拔区域。另外，也是在

1.由于地球轨道是椭圆形的，所以在北方的冬天地球距离太阳较近，在南方的夏天地球距离太阳较远。这使北半球的冬天较温和，夏天也较凉爽，而南半球的冬天更冷，夏天更热。南半球的冷冬导致形成了比北极冰冠更大的南极地带的冰冠。——作者注

这些区域，冬天即将到来之时，会首先下雪[1]。由于"第一场雪"总是会出现在火星的红色地区，我们就可以推测出，不仅红色区域代表着相对较高海拔的区域，而且植被集中在海拔较低的区域。然而，火星上高海拔区域和低海拔区域之间的高差并不是很显著。如果海洋中的水全部分散到星际空间中去，留下暴露在空气中覆盖着植被的洋底的话，那么，在数值上，它们显然会低于地球上的高差。

太阳系中除了地球之外，貌似只有火星是最适合人类生存的。火星的表面温度也是我们所关心的。辐射热测量计是一种高灵敏仪器，可以记录远距离物体辐射的热量值，用它制成的测量装置可以显示火星正午的温度仅为50℉，赤道上的温度可能会稍高一点。而日出之后或是日落之前，即使在赤道地区，温度也会将至水的冰点以下，夜晚则一定会更加寒冷[2]。当然，极地地区就更加寒冷了，在冰冠气温可能会达到-94℉那么低。这样的气候很难被称为舒适的，但还远不至于让植物甚至是动物无法生存。

大约在60年前，帕西瓦尔·罗威尔发表了一个浪漫的公告，这在科学界和公众之中引起了极大的轰动。罗威尔称，他发现了证据不仅可以证明动物的存在，还证明这些火星上的"居民"也具有高水平的文化。

他的判断是依据所谓的"火星运河"，即1877年伽尔伐尼·斯基亚帕雷利首次公布的由火星表面笔直、狭长、轮廓分明的线条所构成的几何网络，之后又被一些其他的观测者描述（图18）。如果这种"运河"是真实存在的，那么它们在几何上完美的规律性只能被解释为

1.我们在火星表面上，到处都观察不到就像地球上山区的永恒积雪一样永久形成的冰。这是火星上有高山存在的另一个证据。——作者注

2.偶尔可以观察到火星上日出区域出现小白斑，当太阳升高到高处时它们就会迅速消失。毫无疑问，这些白斑与地球寒冷的夜间地表上形成的白霜是类似的。——作者注

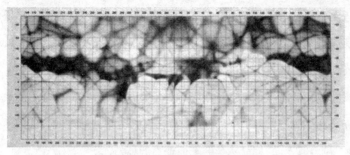

图18. 在1924年，R·J·特朗普勒将视觉观测到的图像绘制成了这张火山
运河的地图。近期的观测证明这些运河是视觉幻象
（由利克天文台提供）

"智慧生物活动的结果"。罗威尔据此又提出了一个大胆而又巧妙的理论：这些运河是由火星人建造的，他们面临着水资源的短缺，在干涸的星球上拼命挣扎求生，建造了一个巨型灌溉系统。根据罗威尔的说法，地面运河代表的是沿着这些人造水道延伸的公园和花园区域，这些人造水道穿过了贫瘠的红色地带。他想象在其中一个半球的春季来临之时，这边极冠的雪会开始融化，雪水被人造泵沿着这些运河运送到了干旱的赤道地区，他甚至试图通过运河颜色的逐渐变化来估算运河中水的流速。

这些推测极其振奋人心，而且如果"运河"真实存在的话，这些推测也极具价值。然而，不幸的是，运河并不存在，高级望远镜以及高端成像方法的观测结果都证明了这一点。看起来，被这么多观测者报道的运河网络似乎只是一种视觉幻象，这是由于人眼在观察接近视野极限的物体时，总是倾向于通过形成几何图案的细线将这些细节连接起来。火星表面上有不计其数的暗点，但却没有直线或是运河将它们连在一起！而柯伊伯于1956年发表的研究成果表明：除了非常原始的植被类型，火星上是不适宜居住的。

太阳系中奇怪的成员

除了常规的行星和它们的卫星之外，太阳系中还有一些"奇怪的成员"，它们可能是在太阳系形成后的某一段时期产生的。我们已经提到火星和木星间空隙中运行的小行星环，根据"提丢斯——波德定律"和魏茨泽克的理论，应该会发现一颗额外的行星。虽然大多数小行星都会在火星和木星中间的位置运行，但是有一些小行星会超出这两颗行星的界限。例如，距离太阳最近的一颗小行星厄洛斯横穿过火星的轨道，并且可以观测到它距离地球仅有1 380万英里。另外，最远的一颗小行星伊达尔戈，到达了木星轨道之外的地方。最大的小行星，比如刻瑞斯、帕拉斯、朱诺以及维斯塔，直径都达到了几百英里，而可见最小的小行星则是直径不超过10英里的"断裂山脉"。尽管它们相对来讲数量众多，但是所有已知小行星的重量总和要比地球的重量要小，甚至再加上这个家族中还未被发现的那些更小的成员，可以得出这样的结论：这一群体的总重量也不会超过地球重量的1%。

正如我们在第一章中所看到的落在地球表面被收藏在博物馆中的陨石，显然也属于小行星这一家族，对它们进行化学成分分析可以告诉我们关于小行星环起源的一些事情。这一方向的研究显示，陨石的物质一定在超高的压力下结晶的，在一些铁质陨石中发现了小钻石的事实也证实了这一结论。这些研究成果为陨石或是小行星曾经是运行于火星和木星之间轨道上的大型行星碎片的理论提供了强有力的支持，它们不是包络太阳的原始物质的聚集，由于某种原因才没有形成一颗行星的。

太阳系中另一位"古怪的成员"是行星冥王星,于1930年在理论计算的基础上被发现。冥王星在海王星的轨道之外,沿着一个更不寻常的轨道运行。所有行星的轨道都是非常接近于正圆形的,仅相对于黄道平面略微地倾斜,而冥王星的轨道被强力地拉长了并且倾斜角度约为18°。我们饶有兴趣地注意到,虽然它距离太阳的距离最远,到达空间外的位置比海王星远很多,但它接近太阳的最近距离比海王星的轨道半径还要小,所以两条轨道实际上是相交的。从冥王星直径的直接观测结果来看,天文学家得出推论:它的质量仅为地球质量的3%,这使它成为行星家族中最小的一颗行星。所有这些导向了一个结论:冥王星也许不是原始海王星行星中的一员,它之前可能是海王星的一颗卫星,在海王星的其他两颗卫星:"海卫一"(Triton)和"海卫二"(Nereid)的万有引力冲突下,冥王星被踢出了绕日轨道。这两颗卫星的轨道上还留有数十亿年前那场冲突的证据:"海卫一"以相反的方向绕行海王星,而"海卫二"的轨道偏心量很大。

冥王星的轨道之外,还有一个充满彗星的广阔区域,这些彗星偶尔会靠近行星系,在强烈的太阳辐射作用下,并形成一条明亮的彗尾。对于彗星的研究显示,它们主要由氢与碳、氮、氧形成的化合物组成(甲烷、氨气和水),即行星形成期间构成行星大气环境的物质,之后在太阳辐射的光压下被吹走了。至此,我们完成了对太阳系主要特征的完整描述。

第四章　我们脚下的空间

越深处越炙热

从活火山口冒出的浓黑烟云、顺着斜坡倾泻下来的红热岩浆、温热的泉水以及喷射的泉眼，这些都可以让古时候的人们相信，罪人死后，在它们的脚下不远处燃烧着熊熊烈火。

19世纪中期，著名的德国地理学家奥托·李登布洛克教授，在大学图书馆借的一本旧书中翻出一片羊皮纸，上面有用古冰岛文书写的一段内容。将它翻译成拉丁文后，他发现这是一个被破译的密码，意思是：

斯加丹利斯的影子会落在斯纳菲尔的约库火山口，勇敢的探险者，从这里下去，你就能像我一样直达地心。

——阿尔纳·萨克努塞姆

通过快速地查考，证实阿尔纳·萨克努塞姆是16世纪斯堪的纳维亚的一位炼金术士，他被指控为异端，被人钉在了十字架上，并用他自己写的书烧死了他，而斯纳菲尔的约库是冰岛冰川上拔地而起的其中一座死火山。李登布洛克教授在他侄子阿克塞尔以及雇佣的来自雷克雅维克名叫汉斯的向导的陪同下，从这个火山口进入地下，沿着玄武岩中一条长长的斜坡走廊，到达了一片超出视线范围的大型地下海域。他们可以在这里将火炬熄灭，因为炽热的漫射光为他们提供了充足的光照，这些光可能是从岩石上某种化学发光物质所发出的。汉斯制作了一艘木筏，然后他们向着东南方向航行。经过许多天的冒险旅行，航行中遇到一只鱼龙和一只蛇颈龙（参见第十章）在附近混战，差点掀翻他们的木筏。他们终于来到了隧道入口，根据阿尔纳·萨克努塞姆留下的记号，从这个入口能到达地心。但是，由于这位著名的炼金术士是在300年前来到这的，现在这条通路已经被落石堵死了，他们不得不使用强大的炸药把路打通。爆炸打开了一个大裂口，地下海的海水带着木筏和这一行探险家冲出裂缝流向了地心。但是到了中途某个地方，倾泻而下的水流遇到了喷涌向上的炽热熔融岩浆流，他们木筏上的一根根木头迅速地被碳化，即将有起火的危险。幸好在任何灾难发生之前，他们被从意大利的斯特隆博利火山口扔了出来。

读者可能已经猜到了，这个解释不是从当时的一些地理杂志上摘录的内容，而是一本名叫《地心游记》书中的情节，作者是著名的法国小说家儒勒·凡尔纳，这本书于1864年出版。如今，我们有了研究地球内部的更好方法：取代从火山口进入地下的方式，我们可以通过在地壳上钻深孔来获取信息。

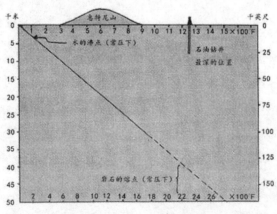

图19. 地表下随着深度的加深，地球的温度也在增加

即使是相对较小的可达深度范围, 调查也揭示出了一个极其重要的事实: 随着地表下挖掘深度的不断加深, 岩石的温度也在稳定地增加。在很深的矿井中, 温度总是升高到相当高, 例如在地球最深的金矿鲁宾生地(南非), 墙壁如此炎热, 以至于必须安装50万美金的空调装置才能使矿井工人免于被活烤。从地球表面上千个不同地点进行的深井钻孔, 人们获得了关于地表下温度分布的最全面的数据。在这些矿井中的测量结果显示: 温度随着深度的增加而增加, 这是一个普遍现象, 实际上它与观测站的地理位置是相互独立的。由于接近地表的位置, 气候条件占主导地位, 所以地表附近总是与均匀性有一些偏差, 处于极地冻土带下几百英尺深的岩石自然会比撒哈拉沙漠下的岩石温度要低。在海底钻探井中测量出的数据同样表明: 海底表面下岩石的温度低于大陆下处于同样深度岩石的温度。不过, 所有这些差别都仅限

图20. "忠实的追随者", 黄石国家公园的喷泉(晚间拍摄)。蒸汽和热水周期性的喷发是因为地表上的水从地壳裂缝中渗漏, 达到只有1.5英里的深度, 接触到内部高温的岩石而被加热到了沸点(由美国地质调查局提供)

于在地壳相对较薄的最外层发生，在更深处，等温面几乎是与地球表面平行的。图19给出了在地壳可进入的最外层中观测到的温度变化，说明温度的增加在这里是非常稳定的，平均可以达到每1 000英尺16°F。

由于地表的平均温度大约为68°F，所以达到水的沸点温度的岩石处在地下仅为1.5英里的位置。如果水从地球表面通过仅有的裂缝中漏进了地壳，达到了这个深度，那么水就会开始沸腾，并以热间歇喷泉的壮观景象在蒸气压力的驱使下而被喷射出，去过黄石国家公园参观过的人对此不会感到陌生（图20）。

如果在探索区域之外的最初几十英里内，气温继续以同样的规律上升的话，岩石融化的温度（即在2 200°F——3 300°F之间）就可以在地表下大约30英里的深度达到。毫无疑问的是，地球表面上众多火山喷发出来的熔融岩浆，无疑来自于大致相同的深度。事实上，火山口内岩浆的测量温度值总是在2 200°F左右，对应着大约30英里的深度。在科学的地球物理学还未建立的久远之前，火山喷发让古人不得不怀疑"地狱"是真实存在于他们脚下的某处，而火山喷发是我们一生赖以生存的这层固体地壳厚度的最好证明。

地 震

正如医生不用开刀，通过听诊器就可以诊断他的病人的体内状况一样，现代的地球物理学家也可以通过研究地球中传播的弹性波而得到关于地球内部深处的信息。这种弹性波的自然来源是由地壳变形所产生的。很多时候，一个或另一个变形区域的地壳岩石不能承受这种张力，就像被钳子夹住的果壳一样碎裂开来。这些位置地表下发生的灾难导致了临近区域地壳的震颤，在尤其严重的情况下，会导致整个地球表面的颤动。这个现象就是我们俗称的地震，而研究这些现象的学科就是地震学，它告诉我们有关地震波传播所经过的地球内部的许多物理性质。可以通过小至几磅的TNT炸药乃至氢弹的爆破，在小范围内进行相似的研究，并且分析爆炸产生的弹性形变在地球中的传播。

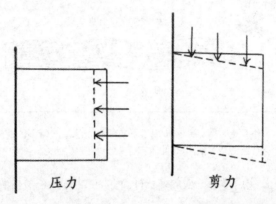

压力　　　　　　剪力

图21. 对于一端固肢在墙面上的立方体, 压缩和剪切的作用效果

　　固体物质, 比如岩石、金属或橡胶, 对于趋于改变他们体积或形状的外力具有抵抗能力。如果弹性物质制成的立方体被固定在固体墙面上(图21), 那么, 当我们施加一个垂直于墙面的压力时, 立方体将会被压缩, 但当压力撤销之后还会回到原来的体积。不同的材料具有不同程度的抗压性, 这也取决于它们的内部结构。

　　还有一种使固体变形的方式, 这种方式改变的是固体的形状而非体积。确实, 如果不是按压立方体的这一边, 而是在它的上表面施加一个向下的力, 立方体的形状就会改变, 但是它的体积保持不变。这种变形被称为"剪切变形", 与上述的拉压变形不太一样。不同材料的抗剪强度同样也取决于它的内部结构，不过结构承受剪力和压力的方式不同。例如，液体显示出与固体相同的抗压能力，但是，另一方面，它们却不能承受任何使它们形状发生变形的力。

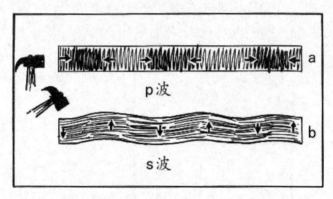

图22. 固体杆中的压力波和剪力波。在顶部的条形图中，暗部区域是受压区，亮部区域是扩张区。其中所有的变形均以夸张的比例绘制

现在让我们考虑一根固体长杆，它的一端被锤子敲击的情况（图22）。如果撞击是沿着杆的轴向传递的，那么，杆另一端的材料就会被压缩，并且这个压缩波会以某个速度在它的整个长度中传递。另一方面，如果撞击是沿着垂直于轴向的方向传递的，它产生的结果就是剪力，即改变杆的形状而不改变它的体积。这种变形也会沿着轴向以某个速度传递，这个速度取决于制成这根杆材料的抗剪强度。总地来说，压缩波或者压力波（P波）的速度与剪力波（S波）的速度是不同的。在大多数材料中，P波的传播速度大约是S波传播速度的2倍。

如果在引用的例子中，比如说，我们让锤子与杆的轴线成45°夹角来击打这根杆，那么，就会产生这两种波，而压缩波传播的速度会远远快于剪力波。这就是当一个地震波从震源产生并在地球内部传播，到达震源（震中）一段距离以外的地表时，预期会发生也确实被观测

到的结果。为了测量地震当中的地壳运动,地震学家会使用名为"地震仪"的灵敏仪器。这些仪器主要是根据惯性定律而被制造出来的,惯性定律就是:任何静止的物体有保持它处于静止状态的趋势。

图23. 被称为"水平摆"的地震仪原理图

有许多不同的地震仪系统,其中一种被称为"水平摆",如图23所示。它主要由一个重物A构成,重物A可以在竖直杆B的带动下发生运动,而且所受的摩擦力很小。如果该仪器所在的地面突然受到垂直于绘图平面方向的地震波的振动,重物A会在它巨大的惯性作用下保持不动,所以,平台相对于重物的位移量可以被旋转的圆柱体C记录下来。这样的两个仪器彼此垂直放置,就可以提供地震所引起的水平位移的全部信息。为了测量竖直方向的位移,可以将重物与弹簧相连。当地球表面上下震颤时,重物还是保持静止,而重物和平台间的相对运动也会被旋转圆柱体所记录下来。综合所有这些信息,我们就获得了地震引起的地表位移方向及强度的全部详细信息。

P波产生的地面运动方向与它的传播方向一致,而S波产生的运动方向垂直于S波的传播方向,基于这个事实,我们就可能把P波和S波区分开来。确实,人们观察到两组连续的冲击,它们之间有一段平静的间隔,第1个冲击就是由P波引起的,而第2个冲击是由S波引起的。

莫霍罗维奇不连续面

1909年10月8日,源于克罗地亚喀勒帕山谷的强烈地震惊动了这个小国家,连遍布欧洲的许多地震台都接收到了地震波。记录中显示,有两组P波和S波产生了二次震颤,这看起来相当微不足道。但是,对于出生在克罗地亚的地震学家安德鲁·莫霍罗维奇来说,这件事则一点都不简单,他试图得到在他自己的祖国发生这次地震的结果所导致的全景画面。通过比对距离发生地(原始地点)不同距离的各个地震台所记录的数据,他发现两个P波的到达时间不对,这两个P波在适当时由

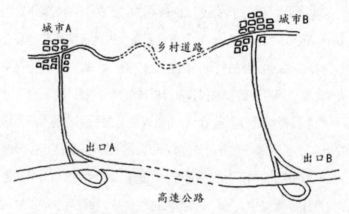

图24 a. 遥远城市之间两条不同的路。高速公路应该会更快一些,但是相比乡村道路来说却有些绕远

各自的S波跟随。在距离震源不到100英里的距离内，第一组到达的P波和S波十分猛烈，随即接收到的第二组P波和S波会微弱得多。而在较远的距离处，情况却是相反的。在收到微弱的第一组P波和S波之后，经过一个明显的延迟，才会出现较强的一组地震波。随着接收站到震源距离的增加，这段延迟也会有规律地变长。

对这些现象唯一合理的解释就是，假设克罗地亚仅发生了一次震颤，是从震源（扰动中心）传播过来的地震波有两条不同的路径：较慢的一条路径以及较快的一条路径。想象一条收费的高速公路以及几英里之外穿过A城，B城，C城……的一条较慢较老的路线（图24a）。可以通过从高速上恰当的出口到达所有这些城市。住在A城的一个人去找住在B城他的朋友见面，那么他有两条路可选：(1)径直沿着老路AB开过去；(2)开到最近的一个高速公路入口，在高速公路上开一段时间，再从下一出口出去。如果A城与B城之间的距离较近，那，他不走高速的话，会到达得早一些。但是，如果距离很远，那很明显，要先花一些时间开到高速上，然后通过高速行驶来补偿这种损失。

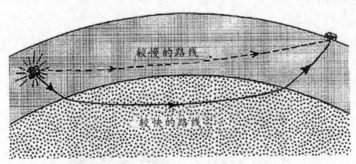

图24 b. 莫霍不连续面。向地下更深处传播的地震波会最先到达距离很远的地方

根据这个类比，莫霍罗维奇假设：在地表下的一定深度，存在着

一些岩石层，可以让地震波在岩石中传播比在地壳上层传播得更快一些。所以，地震波并没有直接到达遥远的地震台，它穿过地球的更深层而首先到达那里（图24b）。他计算得出，在欧洲大陆上，这种"地震高速公路"位于地表下大约35英里的位置，在这么深的位置传播的地震波的速度大约是在近地面传播的地震波波速的2倍。由于地震波一般在越重物体中的传播速度较快，所以，莫霍罗维奇猜测，在那种深度之下，地球物质的密度一定比形成外层地壳的花岗岩和玄武岩的密度要大得多。例如，这可能是因为这些下面的岩石比形成地壳外层的岩石含有更多铁元素。

进一步的研究表明，较轻的外侧地壳和较重的内部区域之间的边界就是通常所说的"地幔"，它在整个地球上连续。不过，莫霍罗维奇不连续面在大陆区域的位置是在海平面之下大约20英里的地方，而洋底的地壳要薄许多，这里的地壳-地幔边界仅位于洋底3英里左右的地方。

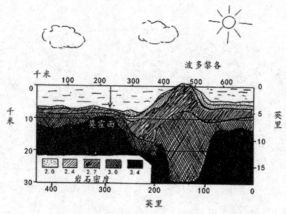

图25. 波多黎各附近的地壳部分（由拉蒙特地质观测台提供）

由于说英语的人在读复杂外国名字的发音时会感到很困难，所以，在这个国家中，莫霍罗维奇不连续面被简称为"莫霍面"，而术语"超深钻"（Mohole）是"莫霍孔"（Moho-hole）的简称，它是指在地壳上钻一个孔，这个孔深足以到达它下面地幔的工程。因为从大陆上向地表下开凿20英里深的井就可以到达莫霍面，很明显这种可行性很低，所以，要到达莫霍面并获得组成地幔物质性质的唯一希望就是对洋底处较薄的地壳进行钻孔。当然，在开始深海钻井之前，我们需要从海洋漂浮的船只上将钻子一直沉入海底，到达洋底也许有几英里深，不过，之后实际上只需要钻两三英里的洞就可以了。图25所示的是波多黎各附近地壳的轮廓，拉莫特地质观测台所得到的结果建立在地震和重力测量的基础上。在箭头所指的位置表示的是钻探最成功的地方。

1952年一个炎热的夏日，在华盛顿特区的海军研究办公室，深海钻井的想法首次诞生了。在此之后，这成了一个国家级项目，由国家科学院和国家研究委员会共同监管，并且有丰富海底钻井经验的许多石油公司为这个项目提供技术支持，这些公司至少具有浅水域的钻井经验。一篇题为"在拉荷亚及瓜达卢普地区深海域开展的钻井实验"的报告于1961年由美国国家科学院和美国国家研究委员会发表，报告用下面的一段文字总结了第一次尝试深海钻井的结果：

1961年4月，世界首次深海钻井实验圆满完成。经过两年的规划以及准备工作，对钻井船进行了理论和模型研究，船上的设备一再地为工程设计、设备经费、造船厂的安装以及深海运作作出让步。

钻井驳船卡斯一号在加利福尼亚州圣地亚哥的一个造船厂中被改造完成，首次测试于3月在拉荷亚下方进行。在3 111英尺水深的洋底开凿了5个井口，最大深度达到1 035英尺。此后不久，钻井驳船被拉到墨西哥瓜达卢普岛以东40英里的位置，首次在真正海洋环境下的钻井。通过用声呐和雷达感应拉紧浮标的位置，并且在4个舷外电动机的操控下，驳船在水深11——672英尺处得以保持在洞口上方。

开凿管道被放低，钻头一碰到海底软底就会开始钻孔，没有提供再钻孔或是钻井液回流的方式。通过钢丝绳法，地核或多或少被连续从钻杆中抽出。一共开凿了5个钻孔，每次钻孔都有明确的目的，最大深度达到了601英尺。其中最上层的557英尺是中新世软泥，之后钻头穿透了44英尺的玄武岩。玄武岩的取样是首个证实海洋"第二层"组成的确凿证据。

一共进行了10次地球物理测井法，深层沉积物的温度被测量出来了，深海当下的结构也被重新改写。采用螺旋钻对玄武岩进行了取心实验。

钻井驳船于4月12日离开了开采地，之后被遣返并停泊在先前的位置。

研究结果表明，只要不需要更换钻头，那么，可以在陆地上实施的任何一种钻孔程序几乎都可以在深海实现。

内部至深处

地壳厚度与地球半径的比，就跟苹果皮的厚度与苹果半径的比是一样的，而确定地幔组成的莫霍工程的成功就相当于在苹果表面上刮开了一小块，人们就会发现，原来苹果皮里面实际上不是红色而是白色啊！这一步确实很成功——但仅仅是个开始！然而，尽管我们不可能钻一个直达地心的孔，甚至不能钻到地幔以下的深度，但是，我们通过研究地震波就可以得到关于地球内部非常有价值的信息，正如我们所看到的，通过地震波人们发现了莫霍罗维奇不连续面。整个地表都能接收到非常强的干扰，在这种情形下，地震波在整个地球上传播，而通过研究它们到达地球上的不同位置，我们能够用我们思维的双眼穿透到地球的核心。观察这种远程地震揭露出的最令人震惊的事实就是"影区"的存在，也就是说，在地表的这条宽带子上通过的扰动几乎没有被注意到（图26）。比如说，如果震中是在秘鲁某个地方，那么，整个西半球会接收到强烈的扰动，而在东半球上位于震源正下方的区域附近，比如印度、印度支那以及东印度群岛上也会有强烈的震感，但是位于穿过西伯利亚、阿拉伯半岛、非洲西部、印度海、澳大利亚东南部及西太平洋这条带子上的地震仪表现得就像什么都没发生过一样。此外，尽管出现在震源以及影区外侧边界地表上的地震波是由P波和S波这两种波组成的，但在影区的圆形区域内只有P波出现。

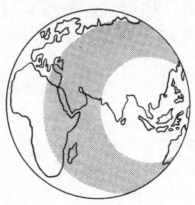

图26. 震源在秘鲁的扰动产生的地震影区（区域边界的清晰度被放大了）

只有通过假设地球的内部是由某种重金属构成的液态核心以及

地核从内向外占据地球半径约60%的位置，才能解释这些惊人的事实。因为，正如我们所讨论过的，S波不能在液态介质中传递，液态的地核能完全阻挡所有的S波进入和震源相对的那个半球。另一方面，液态重金属地核对于P波的作用类似于透镜，将它们集中在震源正对面的区域，并在其附近留下一个"暗条纹"环。因此，地震扰动的分布结果图将会像图27中所示的完全一样。

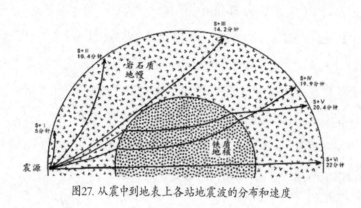

图27. 从震中到地表上各站地震波的分布和速度

在图28中，我们给出了有关地表到地心之间不同深度观测到的地震波传播速度的一些最新观测数据（由著名的地震学家柏诺·古登堡收集）。我们给出了关于地震波在地表和地心不同深度的传播速度的最新观测结果。我们首先会发现，P波和S波都传播到了地表下大约1800英里的深度。而不能在液体介质中传播的S波到达了这个深度，从而证明了地球从地表到中心一半左右深度都是固体。

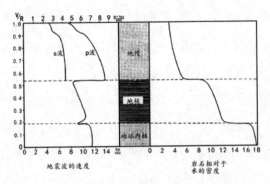

图28. 地球结构的力学性能

塑性地幔

乍一看, 地震剪力波能穿透地表到地心将近一半深度, 这个事实与先前的一个结论相矛盾, 之前我们说过, 地壳温度随着深度的增加而升高, 在地表下仅30英里左右的深度就会达到岩石的熔点。那么, 因此, 位于比这个深度还要深的岩石是如何携带剪力波的呢? 那里的温度一定会比岩石熔点还高得多吗? 要解答这个问题, 我们需要记住, 除了受到极高温度的影响, 极深处的岩石也会受到极高的压强作用。并且根据我们对物质性质的了解, 我们可以推测在超高压和超高温对物体的共同作用下, 可能会使物质处于一种相当不寻常的物理状态。在这种状态下, 物质会同时具有固体和液体的综合特性。在相对较短的持续时间内, 再受到相对较强的外力作用下, 这些物质会表现得像弹性固体。而在持续较长时间较弱外力的作用下, 它将呈现为液态。

这种性质被称为"塑性", 我们熟识的一些物质也具有这个性质, 比如封蜡。如果我们握住一根密封蜡棒的两头将它弯曲, 那么, 它会像玻璃一样破碎。但是如果我们把它水平固定在一面墙上，也就是仅有一端受到支撑力的情况，几天或是几周之后（取决于室温），我们会发现它在自身重力的作用下被弯成了一个弧形。

很明显，被强烈压缩形成地幔的高温岩石具有这种塑性。它们就像巨大大陆板块睡"美容觉"时所躺的床垫一样，数千年来承受着这些重量，它们会向内弯曲或者向外膨胀。事实上，我们在下一章中会看到，地幔岩石的这种缓冲作用对地球地貌的形成起着重要作用。

另一方面，地幔物质对于正在传播的地震波所施加的迅速变化的力的反应太慢了，在所有实际状况中，它表现为完全弹性固体。第二章讨论海洋潮汐时，我们说到还有"岩石潮汐"现象，就是整个地球在月球和太阳的万有引力作用下，以12小时为周期发生着变形。而通过观测到的变形量，著名英国物理学家开尔文勋爵可以计算出地球本身的刚度像钢一样大。因此，很显然，即使12小时的周期也不足以显示出构成地球地幔岩石的塑性特性。但是，如果作用相当长的一段时间，它们就会像蜂蜜一样流动了，这是我们将要在下一章讨论的情形。

铁制地核

大约1 800英里的深处，形成我们地球的物质性质发生了突变。如果超过了这个极限就不会有剪力波可以传递过去，这意味着这里的物质是一种流体，而压力波速度至此急速地下降表明这种流体的密度是水的10倍。地核是由熔融的铁、镍和铬的混合物所组成的（图29），这个观点被普遍地接受（尽管一些地球物理学家至今都否认这个观点）。没有什么办法能直接证明这个观点，但是有大量间接的证据存在。地核的密度大致等于铁在承受那种深度的高压下应当具有的密度。而根据天文学证据，铁在宇宙中的含量是相当丰富的，相对而言，在地壳中的含量就很匮乏。这意味着一种可能性就是：由于铁很重，所以大部分都沉到了地核的位置。地表处的花岗岩中几乎不含铁，而下面的玄武岩层却含有大量的铁，再下面的地幔中铁的含量可能会更高。因此，如果地核本身几乎全是铁，这也就不足为奇了。可能曾经在火星和木星之间的轨道上运行的那颗行星的碎片中，这种陨石大约10%的主要成分是铁，附带着一些镍和铬的成分。所以，一个重重的铁心很可能占据我们地球整个体积的1/8，也占据了地球整个重量的1/4。

图29. 为了能看见中间铁制地核，一块最外侧固体地壳和塑性地幔被切去了

观察显示不同深度地震波传播速度的曲线（P）（图28），我们注意到，在3 100英里的深度处，出现了一个异常的奇点。我们现在知道这里是外侧地核的终止位置，同时也是内部地核的起始位置。许多研究地球内部构成的学者认为：这个不连续现象是由外地核中的液态铁转变为构成内地核的固态铁所造成的，但是人们不能完全肯定这一假设。

指南针之谜

地核熔融铁芯的存在对地磁这一历史悠久的谜题有着重要的影响。一位伟大的德国数学家卡尔·弗里德里希·高斯曾表示：地表上观测到的磁场可以被位于地心处并稍向地球自转轴倾斜的一个大型磁铁所解释。然而，对于整个地球表面磁场更多的细致研究表明，虽然高斯在第一近似上是对的，但是还是与单个磁场存在某些偏差，这个单个磁场也就是我们知道的"残余磁场"，这大概是由于受到了固体地壳中被磁化铁质物质的影响。从这些"残余磁场"以这种速度向西偏移的模式上来看，它沿着地球转一圈需要1 600年。如果磁场的主要部分是由地球的主要结构产生的，而"残余磁场"是由地球地壳中的磁性物质产生的，那么，这个结果暗示着固态地壳相对于地球主要结构而言，它会以大约每年17英里的速率向东滑动。

所谓的"古地磁学"，它的研究成果为地壳相对于地核滑动提供了另一个证据，即在过去不同地质时期就存在的地球磁场。当然，那时那里别说是有地球物理学家了，就连人都没有，而恐龙和三叶虫对这种问题也不感兴趣。但是，通过研究这些不同地质时期产生的岩石中所保留下来的磁性，我们可以获得非常可靠的信息。

几百万年以前，当含有各种铁化合物的炙热岩浆从地表喷涌而出时，它向当时存在的地球磁场方向被磁化，当它冷凝成为固体之后，感应磁性就被"冻结"在与当时磁极位置对应的南北方向。当陨石燃烧产生的微小颗粒落入史前湖泊和浅海，与沉积层的其他物质混合在一起之后，沉积层也就被磁化而具有磁性了，磁场方向指向当时的南北

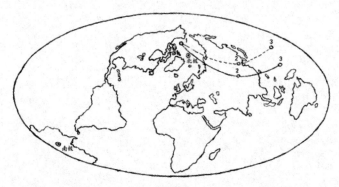

图30. 北磁极的移动。实线表示的是美国磁石暗示出的磁场方向，虚线表示的是欧洲磁石的指向：1.现在的位置；2.三叠纪时期的位置；3.志留纪时期的位置

方向。因此，对不同时期在各个不同地方形成的岩石研究其"残余磁性"，我们获得了许多指向当时南北方向的小"指针"。将这些指针放在一起，我们就能决定出在不同地质时期内磁极的方向。结果如图30所示，我们可以看到，在志留纪时代，磁北极指向日本附近的某处。从那时起，又经过3亿年，才慢慢地变到它现在的位置。图中的两条曲线分别是基于美国和欧洲的观察结果。这两条曲线没有重合的原因之一可能是由于观测的不准确性，另一个原因有可能是当时两个大陆板块发生相对运动的假设。

现在重点讨论的问题是地球磁场与可能产生地磁场的熔融铁芯运动之间的关系。在地球导电铁芯中的对流电流很可能产生一种形状和强度合适的磁场，但是这幅图景的细节仍远未明朗。

第五章　地表和地貌

普通的岩石

通过对地表岩石的研究，会发现地壳看起来很像一栋旧房子的阁楼，里面堆着的全是破损的家具以及各种各样的废弃家当，这是一代又一代人留下的生活印记。地理学家们正在分析这些堆叠的残骸，在他们的共同努力下，使我们对地球表面的既往史有了一个相对完整的画面。

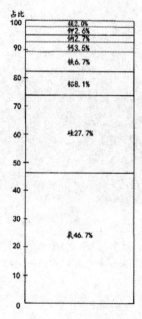

图31. 地壳中相对丰富的化学元素

当然，形成地壳的不同矿物质的相对含量，是由参与结构组成的不同化学元素的相对含量所决定的。图31所示，是地壳中含量最丰富的一些元素所占的比例。其中含量最丰富的两种元素是氧（46.7%）和硅（27.7%）。因此，毫无疑问的是，这两种元素的结合形成了地壳岩石结构中一种最重要的化合物。一个硅原子与两个氧原子结合形成一个氧化硅分子。这些分子有规律地堆叠在一起，构建了美丽的矿物晶体：石英（图32）。化学家用符号Si表示一个硅原子，用符号O表示一个氧原子，因此，石英的化学式是SiO_2，其中下标2表示每个石英分子中有两个氧原子存在。

图32. 从马达加斯加得到的巨大石英晶体
（由美国国家标准局提供，博尔德，科罗拉多州）

　　氧元素与硅元素结合在一起，接着再与下一个最丰富的元素铝（化学符号为Al）结合，而形成第二重要的矿物，它的名字叫作"长石"（图33）。这三种地壳含量最丰富的元素通常会邀请钙原子（Ca）、钠原子（Na）以及钾原子（K）来陪伴它们，形成下面的化合物：

$$CaAl_2Si_2O_8$$

$$NaAlSi_3O_8$$

$$KAlSi_3O_8$$

矿物学家将它们分别称为钙长石、钠长石和钾长石。

图33. 长石晶体

（由柯罗拉多大学的R·M·奥内亚提供）

再者，先前提到的这些元素与镁（Mg）和铁（Fe）形成的化合物也非常重要，其中最典型的化合物为辉石，由一个很繁琐的化学式表示：$Ca(Mg, Fe, Al)(Si, Al)_2O_6$。由于铁原子的质量很重，所以，这种矿物以及其他铁的化合物，都比提到的其他矿物要重很多。

不过，矿物学者很少发现上述所列"纯净"矿物的大块完美晶体。普通的"火成"（"igneous"）岩石，即从原始熔融物质固化下来的岩石（"igneus"，在希腊语中是"火"的意思），它代表各种"纯净"矿物微小晶体的混合物。因此，花岗岩作为大陆主要材料，其中含有大约31%的微小石英晶体，53%的长石，再加上少量含量不那么丰富的矿物，比如云母。另一方面，而在火山运动区域发现的比花岗岩更重的玄武岩中, 基本上不含石英, 有46%的长石和40%的重辉石。图34所示是一块花岗岩抛光表面的显微图像。

图34. 刨光花岗岩表面的照片, 显示出是各种不同"纯"矿物小晶体的聚集
（由科罗拉多大学的R·M·奥内亚提供）

当通过显微镜观察时, 砂岩完全就是另一个样子了, 它看上去是由高度压缩的沙粒组成, 它的样子与那些被海浪卷起又摔裂在沙滩上的沙子一样。大多数这些沙粒都是抛光的细小石英晶体, 而且砂岩很

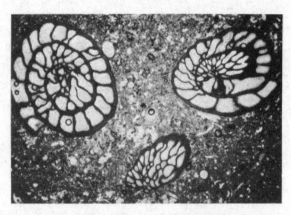

图35. 石灰岩表面的显微镜照片, 展示出很多古代贝壳的遗迹
（由科罗拉多大学的R·M·奥内亚提供）

显然是一种二手材料，它主要由地壳历史上某个时期曾经被碾碎的大理石碎屑组成，之后被压缩成坚固的块状固体。

另一方面，石灰岩的显微镜检查又显示出完全不同的状况。这回不是石英晶体的碎屑了，我们在石灰岩中发现了一些细小贝壳和贝壳碎块，所以，它们显然是过去地质时期海洋中有机生命的残余（图35）。一些石英石含有珊瑚碎片或"海百合"的茎秆，这些都是原始的海洋动物，与海星有关，在生命的一部分时期，它们用长长的茎附着在海底岩石上。此外，石灰岩的显微镜检查又显示出完全不同的状况。这回不是石英晶体的碎屑了，我们在石灰岩中发现了细小贝壳和贝壳碎块的积累，所以这些明显是过去的地质时期海洋中有机生命的残余（图35）。一些石英石含有珊瑚碎片或是"海百合"的茎，这些是原始的海洋动物，与海星有关，在生命的部分时期，它们用长长的茎附着在海底的岩石上。毫无疑问，石灰岩的沉降物就是过去原始海洋生物的墓地，每当我们用粉笔在黑板上写字时或是向我们的花园中撒石灰（通过加热石灰岩得到）时，我们都要对生存在过去时代的微小海洋居住者们心怀感激，是它们为我们提供了这种实用材料。从化学上说，石灰岩是由碳酸钙（$CaCO_3$）组成的，这是原始海洋生物从海水中提取的用于构建自身保护壳或是支撑结构的成分。

高贵的大理石看起来和普通的石灰岩不尽相同，大理石会坚硬得多，并且显微镜检查也不能显示出其中有任何微小壳类或是贝壳碎片的存在。但是大理石通常和石灰岩一样呈白色，并且它们具有完全一致的化学结构。事实上，地质学研究表明，雕刻家所使用的大理石不过是内部结构完全改变了的普通石灰岩。如果我们用普通的粉笔灰将一个厚壁的铁质容器填满，将其密封，再置于很高的温度中，那么粉笔灰就会变成颗粒状的大理石。自然界中大理石的形成是由于从地壳裂缝流到地表上的炙热岩浆遍布到了上层的石灰岩层上。在上覆熔岩的高温和重力作用下，有机残骸中的碳酸钙发生了改变，完全再结晶成完美对称的晶粒，而它有机来源的所有踪迹都消失不见了。之前的岩石在高温高压下再结晶产生的岩石被称为"变质岩"。

侵蚀和沉降

地球表面上岩石的多样性生动地证明了我们的地球转变成今天这个面貌的过程是复杂的。

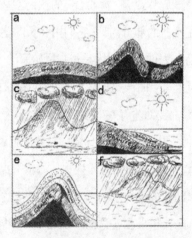

图36.地表在构造活动和侵蚀过程中所发生的变化

两种基本过程持续并缓慢地改变着地球的面貌。第一种是构造活动，它的根基深深地埋藏在地表之下，导致地壳岩石产生了各种变形和皱褶，一层一层堆叠在一起形成了山脉（图36a和图36b）。另一种是侵蚀，大多数是流水侵蚀，也有一部分是风力侵蚀形成的，它们作用在两个相反的方向，冲刷了山脉并提升了平坦的大陆表面。如果地球上没有大气也没有水，那么它的地貌特征就会被保留下来，就像月球上的一样，是一本完整的历史档案。正如现在我们所看到的一样，构造过程和侵蚀过程之间的较量将已有的信息混合成了现在这种复杂的地貌。原来的山被侵蚀过程洗刷殆尽，由此产生的碎片沉积在较浅的内陆海底以及海岸沿线成了连绵的岩层（图36c和图36d），只会在下一次构造活动爆发时再次被提升起来，而形成新的山脉（图36e和图36f）。这个过程重复了一次又一次，使地貌变得越来越复杂。

　　来自大陆的山石碎片在海底形成了砂岩层，而每一个时代剩下的动植物残骸也会形成一层沉积物，于是在海底砂岩层与海洋生物产生的石灰岩层相互交叠。于是，在下一次岩石运动的过程中，这些旧有

图37. 在南达科他州的劣地上，雨水的作用形成了神奇的形状。注意一下，竖直的柱子可以保持直立是因为其中的物质被挤压得更严重一些，在它们的上面可以看到更重的岩石

（由美国地质调查组提供）

的沉积层再一次被提升，提升到比海平面高很多的位置形成了新的山脉，并且原来平整的沉积层变形成了巨大的褶皱。然后它们再一次被侵蚀，碎片被带入海洋，或是在某些其他区域，火山喷发出厚厚的火成岩将它们覆盖住了（图36）。

　　南达科他州的劣地就是侵蚀过程的一个典型例子（图37），在世界上的其他国家也有相似的地貌。在暴雨的袭击下，没有被植被覆盖的陆地被冲刷走了，形成了很深的低谷。没有被冲刷掉的部分就可能会产生各种奇形怪状，有的像被摧毁的城堡，有的像高塔的废墟，遍布数千平方英里的区域。侵蚀的另一个例子如图38所示。

图38. 黄石国家公园的峡谷，在火山高原由于受到水流的侵蚀作用而形成的
（由美国地质调查组提供）

　　侵蚀过程产生的一个有趣结果就是位于新墨西哥州图拉罗萨盆地著名的石膏沙漠。图拉罗萨盆地的范围超过了100英里，两侧都连接着相当陡峭的围墙。这是成百上千年前，地下岩层的某种运动导致一长条地面下沉所形成的。它其实就是一条长长的沟，地理学家将其称

为"地堑"（德语"坟墓"的意思）。远高于在谷底的石膏层（含水硫酸钙）在山体斜坡的侧面被发现，类似的石膏床则位于山谷的地板下面。

那一区域的地理断层清晰地显示出山谷是如何形成的（图39）。在雨季，雨水通过山坡渗流下来，分解了一些石膏，流入山谷中，从而形成"暂时性"的水体，被称为"鲁塞罗湖"。到了万里无云的夏季，湖水都干涸了，就将石膏留在了干燥的谷底。盛行风带着石膏的细小颗粒，在山谷上方形成了可见的云雾，堆积起面积大约为275平方英里的巨型雪白沙丘。这个景观看上去就像挪威的冬季，吸引着成千上万的游客来参观。

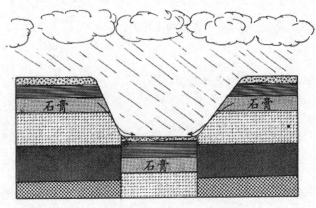

图39. 白沙是如何形成的?

正如我们已经描述过的情形，当地表水渗透到了相对比较容易溶解的岩层，通常是石灰岩层，又被两边不可溶解的岩层围住，形成了长长的地下通道和洞穴。在这类洞穴中知名度最高的一个洞穴当属新墨西哥州著名的卡尔斯巴德洞窟，它拥有将近4 000英尺长的"巨型房间"，墙面宽达600英尺以上，而天花板的高度超过300英尺。

除了经常流经这些地下通道中的溪流以外，通常还会有一股溶解的石灰水从洞穴天花板上的细小裂缝里缓慢渗出。水滴中的水分被蒸发了，溶解在其中的碳酸钙形成了长长的"冰锥"，称作"钟乳石"，倒挂在洞穴的天花板上。而掉落到地面的水滴会导致一个类似结构石笋的形成，它是从地面往上长的。这些景观的形成通常会很美，它们是大自然的鬼斧神工，也是吸引游客的主要因素。

带领人们参观洞穴的导游总是喜欢给这些奇奇怪怪的形状起一些稀奇古怪的名字，比如"坐立的猴子"或者是"印度人的脑袋"，从而激发游客的想象力。不过，如果他们能指出形成这些结构的物质是几百万年前海洋生物的保护壳，又以沉积物的形式被压在内陆海底几百万年，终于在几百万年前被地球内部产生的原始力量提升到了高于海平面的位置，那将会更令人饶有兴趣吧！

竖直方向的地壳运动

当大陆板块能否在地球表面彼此漂移，这种可能性仍然还是一个不解之谜的时候，我们就已经对地表竖直方向的运动有了相当确切的了解。我们已经提到过，由于地球内部温度会随着深度而显著地升高。在我们脚下大约30英里处，温度就会达到2 000℉—3 000℉，在这个温度下，所有普通的岩石将会被融化，从火山喷射出的炙热岩浆就来自这个深度。但是，与之形成鲜明对比的是，沿着火山斜坡流下来的熔岩，处在这么深的内部物质，不仅处于非常高的温度下，同时还承受着极高的压力。在第四章中我们看到，在这些条件下，岩石实际上并不是以流体的形式存在，而是具有塑性性质，在瞬时力的作用下表现为固体物质（比如在地球球体内部传播的地震波），但在缓慢力的持续作

102

用下会表现得像蜂蜜一样流动。

地球的固体地壳漂浮在形成更深处的内部塑性层上，就像极地冰原漂浮在它们之下的水面上一样。这一点引出了一个十分重要的地理现象，其学术名称为"地壳均衡学"。当海洋表面漂浮着一块巨大的地质冰山时，冰山仅有较小一部分会伸出水面，大部分是被淹没在水下的。对于漂浮在塑性物质之上的地壳固体岩石来说，也会发生类似现象。每一座高出大陆平原的高山，下面都对应着一座由地壳岩石形成的"反山脉"（也就是山根），这些地壳岩石被推入下面塑性物质的深处。而且正如冰山埋入水下的部分比露出水面的部分要大得多，所以这些"反山脉"也可能比它们支撑着显露于地表之上的山峰要大得多。

我们知道山体并不是永恒存在的，组成它们的物质会被缓慢地侵蚀并被河水冲走了。然而，这并不意味着被侵蚀的山体就一定会变矮。事实上，随着地表上面堆叠岩石重量的减少，山根处的物质会缓慢地浮上来，把上面残留的岩石抬高并保持着山体原始的高度。因此，要将一座山冲刷掉所需要的时间比第一眼看到的要长得多。

另一方面，当地壳会发生的另一种构造活动挤压物质而产生褶皱，并堆起形成一座新山峰时，那么，被挤压的一大部分地壳岩石就会被推入下方的塑性物质深处，也形成一个新的山根。

竖直方向的地壳运动对于形成地表形态以及解释各种地表特征起着非常重要的作用，否则将会很难理解地表的特征。举例来说，位于亚利桑那州科罗拉多河的大峡谷，河水通过这个峡谷流入大海。大峡谷现在大约6 000英尺深，假设我们能将它填平，把岩石堆砌到边缘，那么，科罗拉多河将会发生什么呢？很明显，它的水不会流到山上，这条河将不得不找到通往大海的其他途径, 而科罗拉多大峡谷也就不复存在了。

　　因此, 为了能理解大峡谷的起源, 我们必须假设科罗拉多河所截断的高原, 它曾经的海拔要比现在低得多。确实, 地理数据显示出: 几百万年前, 亚利桑那州北部以及犹他州南部都是海拔相对较低的平原, 有一条宽阔的河流横贯其中。接下来, 由于地壳运动, 整个平原的海平面开始越来越高, 随着这种持续的上涨, 河流就截断到地表下越来越深的位置, 冲走了越来越多的物质并把它们带进大海。因此, 周围的陆地开始缓缓地上升, 越来越高, 而河床仍然保持在几百万年前所在的海平面上。

　　地表抬升产生的另一个更令人震惊的效果是由横断喜马拉雅山脉的大河所呈现的。印度河, 它起源于西藏北部, 流经克什米尔最后进入阿拉伯海, 通过了挡在它去路的山体间切开的狭长深邃的峡谷, 而峡谷的裂缝好像是被锯子锯开的一样。在吉尔吉特, 这条河本身仅高于河口3 000英尺, 但是它两侧的山峰离地均将近2万英尺高。唯一一个可能的解释就是, 在远古时期这里的山脉的海拔要比现在低得多, 并且地面的提升正在缓缓地进行, 河水被侵蚀着, 带走的物质多到足以形成一个深1.7万英尺的峡谷。阿伦河是恒河的一条支流, 比它的河口处高出2.2万英尺, 它流经的一侧是珠穆朗玛峰(29 140英尺)以及另一侧的干城章嘉峰(28 146英尺)之间的磅礴峡谷处。地理学考证表明: 在远古时期这两座山形成的时候是连续的山脊, 所以, 这其间的通道一定是由河水本身形成的。而如果山体原来就是现在的高度, 那是不可能形成这个峡谷的, 所以, 对此我们不得不再次假设: 随着周围的岩石逐渐被抬升, 河水的河床正逐渐陷入深处。

山脉隆起

地理学家很久以前就相信，山体的起源是地壳岩石水平挤压的结果，于是地壳发生了褶皱，并且它们彼此相互堆叠在一起。那么，是什么导致了这种挤压？一个自然而然的解释，直到近几十年唯一的一个解释，就是这种挤压是地球逐渐冷却的结果。大多数的物质在受冷时会收缩，地球球体也是如此。不过，随着半熔融状态地球内部的收缩，它的外围固体地壳一定会发生褶皱，就像烤苹果时的苹果皮一样。根据这种观点，山体的形成很简单，它只不过就是逐渐被冷却的地球的褶皱皮肤。

但是，最近出现了一种完全相反的假设似乎挑战了旧观点。所有人都知道，一个拧紧盛满水的玻璃水瓶在水凝结成冰后会裂开。玻璃碎裂是因为水在由液体变成冰时会膨胀，体积会增加。相反地，一块冰吸收了足够的热量变成水后，体积就会减小。其他物质也可以具有与冰相似的这种性质，形成地球内部的岩石在融化时会收缩，在固化时会膨胀，这并非不可能。这种可能性将会使情况完全颠倒过来，为了解释地壳的收缩，我们只能假设地球的内部是在逐渐升温的，使越来越多的固态岩石变成了熔融状态，从而导致体积减小。

那么，又是什么原因导致地球内部的升温呢？这个答案很简单：自然物质的放射性。我们知道，形成地壳的岩石含有少量却显著的各种放射性物质，它们在缓慢的衰变过程中，会释放出热量。外层花岗岩层比地下的玄武岩层包含更多的放射性物质，至今没有人知道这是什么原因。我们也不知道地球内部含有的放射性元素的含量。不过，我们可以计算出，如果整个地球球体与地壳具有相同的放射性物质浓度，那么，所有这些放射性物质衰变产生的热量将不能快速散去，我们的地球就会逐渐被加热。如果由于某些原因，放射性物质在极深处的含量几乎为0，那么，相反的情况可能就是对的，地球正逐渐冷却。只有通过未来的研究才能决定这两种可能性哪一个才是正确的。

　　无论是由于哪种原因，假设地球的地壳正在收缩，我们可以问问自己这种收缩所形成的山体的具体细节是什么。正如我们之前所表述的，地壳不是均匀分布的，它是由大块花岗岩（大陆巨块）压缩成为较薄但是密度较大的玄武岩层组成的，同样地，这也形成了海洋盆地的底部。当一个物体由两种不同物质组成，它就会受到应力作用，按理说它会沿着分隔它不同部分的界线断裂。对于地壳来说，这些不牢固的界线实际上是大陆板块的海岸线。因此，难怪地壳的运动会沿着这些边界线产生最显著的地表褶皱效果。而且，确实，大部分所谓的"造山带"（"orogenic"是从希腊文"oros"而来，意思是"山"）是沿着大陆板块的边缘产生的。其中一条"造山带"沿着太平洋的海岸线延伸，从波利尼西亚群岛，经过日本、堪察加、阿拉斯加还有美国南北部的西海岸。另一条"造山带"涵盖了阿尔卑斯山脉（阿尔卑斯山脉在非洲的那一部分所对应的阿特拉斯山脉）、喀尔巴阡山脉、高加索山脉、喜马拉雅山脉以及印度尼西亚、新几内亚和其他海岛的山脉。大多数的地震、火山喷发以及其他提醒我们生活在火药桶上的构造活动所表现的现象，都发生在大陆花岗岩和海底玄武岩之间的边界延线上。

　　由于"造山带"的地壳均衡条件受到了来自大陆以及沿海岸线的沉积物影响，所以"造山带"的情况就比较复杂。这些沉积物的重量将下面的玄武岩层推得越来越深—一直沉入海底以下。当地壳发生压缩时，

"造山带"区域作为地壳最薄弱的一个部分就会隆起，过去所沉积的沉积层就会发生褶皱并被抬升而形成新山脉。这些山体将屹立在那里数千万年，直到持续的降雨将它们冲走，并将山上的物质带入海洋，从而形成新的沉积层。

因此，地表形成的历史就是这样：上上下下，上上下下，如此反复，周而复始。

山体的缩比模型

将地壳折叠起来的这种强大构造过程是以极其缓慢的速度发生的，以几百万年为一个数量级。对于它们的理论解释又是十分复杂的，因为即便形成地壳的各种材料的性质是众所周知的，但是即使使用现代化的电子计算机都很难分析出地壳质量块的运动。如果向一面白墙扔一瓶墨汁，墙上墨点的形状是由经典流体动力学定理所制约的，但是要想试图提前计算出墨点的形状，希望还是很渺茫的。

当一定要解决这种复杂问题时，我们可以借助制作缩比模型来预测。为了了解一艘即将设计出来的船只在首航时的表现，我们建造了它的一个模型（只有几英尺长），并将它拖到一条长长的水洞之中，直接测量出对其性能有重要影响的所有参数。航空工程师也会遵循完全相同的过程，在风洞中对小型飞机或是导弹的模型进行一些测试。这些模型的流体动力学或是空气动力学参数可以被"等比例"放大到对应的实际飞船结构上。

类似的，可以通过研究缩比模型来研究地壳运动，缩比模型中所选用物质的力学性质能够在几分钟或是几小时之内发生巨大变化。地理学家开始越来越依赖于这种实用的方法, 借助于此他们在一个工作日中就能知道地壳在数百万年间发生了什么变化。解决这个问题有许多不同的方法, 其中两种方法在图40中用示意图的形式表示出来。

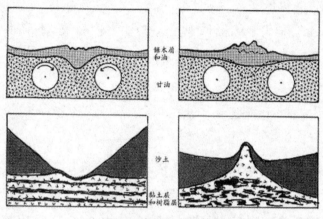

图40. 研究构造运动的模型

上面的两张图表示的是美国地理学家大卫·格里格斯所建造的模型, 意在研究地壳下面塑性地幔中的对流循环对地壳运动产生的影响。这个模型是由两个木制圆柱形块体在甘油介质中转动组成, 甘油介质模拟了地幔的塑性物质。在甘油的表面漂浮着一层由锯木屑和油混合而成的较轻物质。当圆柱体开始运动, 较轻的表面物质就会被拖拽, 形成一个向下拱起的鼓包。当圆柱体停止旋转之后(对应着地幔中对流的消失), 根据地壳均衡原理, 隆起的较轻物质就会漂浮上来, 地球表面的那一部分就会形成高山。

下面的两张图所示的是俄罗斯地理学家, V·V·别洛索夫的研究成果, 他调查的是地表上质量块的不均匀分布而形成山脉的可能性。在这个实验中, 软黏土和松香层相互叠搭在一起取决于两堆沙子的重量。在相对较短的时间内, 原来平整的表面上会出现较大变形: 中间出

108

现了一个很高的隆起, 而且各个松香层发生的褶皱与山地通常会遇到的岩石层褶皱相似。这说明, 虽然这种实验第一眼看上去就像"读取茶叶的信息"一样(或在苏联是读取咖啡渣的信息), 但是这些结果能为我们提供一个合理解释, 能让我们很好地理解形成地表的构造过程。

水下山脉

1873年, 英国"挑战者号"考察船为了研究海洋, 开始了其开创性的为期三年半左右的环球世界航行之旅, 它肩负的一个主要使命就是沿着长而曲折的航线来测量海洋深度。当时的深度测量方法是十分冗长而乏味的: 一名船员只需要将一个沉重的铅锤系在标有等间距的长麻绳上, 这样, 只要铅锤一接触到水底, 我们就知道深度了。

人们可以预见, 除了从陆地带入海洋的碎片形成的大陆架之外, 海底应当是相当平整的。然而, "挑战者号"上的科学家们发现完全不是那么回事。原来, 在大西洋的欧洲和美洲沿岸, 水的深度达到了2 000英寻(1.2万英尺)左右, 而在大西洋中部, 水深却不到1 000英寻。这个发现暂时支持了一个古老的传说, 据说数千年前存在着一个大陆板块名叫"亚特兰蒂斯", 后来它沉没在水面之下了。

时至今日, 我们有了一种测量海洋深度更好更便捷的方法, 这是基于二战期间为了探测出敌方潜水艇所发明的"声呐"技术。当一艘船在它的航线上全速航行时, 由船体附带的回声探测器发出的高频声波从海底反射回来, 回声的延迟可以由船体上的敏感仪器所测量。通过这种方式就可以快速又精确地测量航线上的海底轮廓。

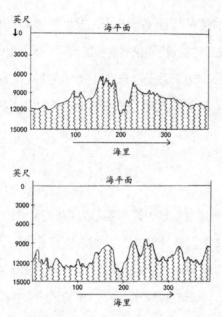

图41. 大西洋中部山脊（上）和北极山脊（下）的水底轮廓线

通过使用这个方法，人们发现大西洋中部山脊的海底廓形有一个十分陡峭的形状，比它东部和西部两边的海底要高出5 000英尺或者6 000英尺，而且在它的"脊柱"上还有一个深深的凹陷（图41上图）。这条轮廓线是贯穿大西洋南北的一条海底轮廓线，大致介于新旧世界之间[1]，延伸入北冰洋到达北极附近的区域，直到西伯利亚东部为止。图41的下图表示的是这个山脊的轮廓线，它是由美国海军的核潜艇"鹦鹉螺号"在它著名的北极冰原之下的航行中得到的。

1.新世界指的是美国、澳大利亚、南非、中国等非欧洲国家；旧世界指的是法国、意大利、西班牙、希腊等欧洲国家。——译者注

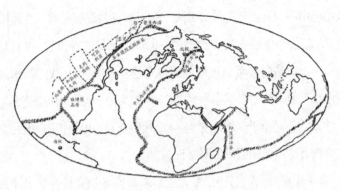

图42. 水下山脉

今年来, 各个国家海洋研究船对于海底的全球化研究揭示出太平洋中部的山脉仅仅是贯穿地球所有海洋运行的更宏观和更复杂系统的一部分 (图42), 这个系统所覆盖的水下区域可以与所有大陆板块总和的面积相较。我们饶有兴趣地注意到, 这些海底地形与陆地的相似地形是相关的。因此, 美国南北部西海岸沿途的高山和低谷似乎是造成美国北部加利福尼亚州的海湾以及南部麦哲伦海峡存在的原因。大西洋中部的裂缝径直地穿过冰岛, 这可能是导致该岛南北方向出现大裂缝 (或是冰岛语gjá) 的原因。类似的, 印度洋底部的高山和低谷延续到了亚丁湾和红海海湾, 有可能其在内陆的延续导致了维多利亚湖、坦噶尼喀湖以及非洲东部的尼亚萨湖的存在。

水下山脉的结构看上去与我们所熟悉的地表山脉, 比如落基山脉或是阿尔卑斯山脉的结构区别很大。鉴于后者的情况, 地壳的提升很显然是由于, 来自两侧的挤压使原来处在水平状态的岩石层形成了一个巨大的褶皱, 而水下的高山看起来更像是导致断裂的水平应力产生的结果, 断谷两侧都会在下面塑性物质产生的压力作用下升高。裂谷的这种假设可以解释水下山脉沿途中那些很深低谷的存在, 这是一种在

111

陆地山脉中不会观测到的特殊现象。对于裂谷假设有利的一个重要事实是，大多数海底地震的震源都位于海底山脉的低谷位置，并且地震可能是由于炽热的岩浆通过海底的裂缝侵入海水之中（或是海水通过裂缝侵入下面炽热的岩浆中）。洋底的伸展以及陆地的挤压被许多地球物理学家认为是由于半熔融（塑性）地幔中的对流电流作用，但是直到现在并没有给出这种假设的明确证据。

有关洋底行为的另一个令人费解的事实被斯克里普斯海洋机构的研究揭示了出来，它是关于海底岩石水平方向移动的问题。看起来在美洲西海岸附近巨大的海底板块正朝着相对于彼此沿东西方向移动（图42）。而这些位移发生的原因至今还是未知。

综上所述，我们可以说，近几十年来，人们对于海底进行勘探所得到的机遇可以和早期对于地球干燥表面进行勘探存在的机遇相较。而相比于地表上的山脉，对水下山脉研究的好处在于前者可能保存得更完好。正如我们已经看到的，大陆表面上拔地而起的高山会受到不间断的侵蚀作用，这是周期性温度变化、风力和降水的产物。但是在海洋的底部，温度几乎保持不变，而且不刮风，虽然周围都是海水，但是从不下雨。而海底缓慢进行的海洋环流被认为很难会侵蚀到高度岩石化的山脊。因此，水下景观应当与月球上的景观一样，是永久不变的，所以对于洋底地貌深入而细致地研究可以为我们提供关于地球过去历史十分有价值的信息。

沉降层之书

几十亿年间，大陆的地表特征经历了持续的变换，这是由于使山体隆起的力和雨水冲刷的力共同作用的结果。山脉形成的这种周期性表现与后来被雨水摧毁被历史上由河流携带的侵蚀物质沉入大海的沉降物性质就可以清晰地看出。事实上，这种沉降物的性质是由被在很大程度上取决于被侵蚀表面的特性。

在发生变革的时期，比如我们现在所生活的这个时期，大陆表面到处都耸立着高山，侵蚀速度非常快。湍流顺着陡峭的山体斜坡倾泻而出，仅通过纯力学作用就能将相对较大的岩石分裂开来，在这些时期形成的沉降层主要包含硬度相对较高的物质，例如砂砾和粗砂。另一方面，在漫长的变革时代，大部分山体已经被洗刷殆尽，大陆表面是平整而缓和的，这样侵蚀的过程就会变缓。没有了奔流的山间溪水，没有了嘈杂的瀑布，只有连绵的雨水掉落在地表之上，它被宽阔而缓慢的河流注入海洋和大海之中，河流所流经的区域几乎都是水平的低洼平原。在这些漫长的时间里，化学侵蚀作用比纯粹的力学分解效果更加显著。

在地表上水流缓慢地流淌，将岩石中各种可溶解的部分带入溶液中去，留下了细砂和黏土这些残留物。被溶解的物质主要就是碳酸钙，它们被带入海洋中沉积下来成为厚厚的石灰岩层。

因此，如果我们可以纵观地球的地质历史，对地球沉积层从未间断形成的区域进行检测，这些沉积层的横断面看起来将会十分规整。我们会发现或细或粗的材料发生着周期性重复，这对应于变革时期以及变革间断时期，并且我们可以根据这些断面将地球的整个历史一章一章地重建出来。这部完整的"沉降层之书"无疑存在于沿着大陆海岸线的海洋底部区域，由于始终位于水下，这些地区不断地受到来自附近大陆的侵蚀物质的侵蚀。人们是有希望从深海钻井，比如莫霍计划（参见第4章），获得关于地球历史十分有价值的信息，但是我们现在的认知完全来自于对于内陆浅海处形成的沉降层的研究，这种沉降层又在地面随后的提升以及上层物质侵蚀的结果下而被带到了地表。

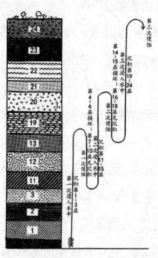

图43. 周期性的地面抬升是如何破坏地质记录的连续性的

　　由于在整个地球历史中，大陆表面一直在不规则地抬升和下落，而且内陆海一直改变着它们所在的位置，所以留存在任何一个地点的沉积层所包含的信息都是不完整的。图43中，我们给出了一幅示意图，说明我们在一个受3次潜水影响但是至今处于干燥的地点能找到什么。我们假设第一次沉降期间，由河流带入的沉降物形成了6个连续沉降层，为了区别我们标上数字1到6[1]。这些沉降层代表着相应地球历史间隔的连续记录，现在假设这些沉积层形成之后，地壳的运动将这个特殊位置提升到海平面以上，这样新形成的沉降层就暴露在雨水的破坏作用之下。在海拔提升的期间，部分沉积层被侵蚀所带走，这些被带

1.这里所使用的沉降层并不对应于任何真实的地质实际年代划分，这些标号也只是为了便于讨论而使用的。——作者注

走的物质并与从其他地方带走的物质混合在一起，沉降在别处。当沉降物不断在海底累积，并形成了新的沉降层（比如说7, 8, 9, 10层），我们选取的这个地方此时沉降层连续地累积，也只是失去了部分物质，最上面的3层（6, 5, 4层）被完全带走了。因此，当新的沉降发生时，第11个沉降层是直接沉积在原有的第3层之上的。

继续观察图43，我们会发现在这个假想位置出现在地理学家锤下的剩余沉积层只有数字1, 2, 3, 11, 12, 13, 19, 20, 21, 22, 23, 24，其他没有出现的数字要么从未在此形成，要么就是被雨水侵蚀了。

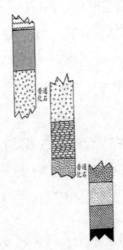

图44. 将"沉降层之书"不连续的片段拼接在一起

不过，尽管任何一个给定位置的沉降层仅仅代表了"沉降层之书"中偶尔出现的支离破碎的几页，但是我们还是可以通过比对大量不同时期浸入水中的位置所得的数据，从而试图重建这本书的完整副本。当然，这项任务很艰巨，在这个领域的工作代表着历史地质学的主要课题。从分离的碎片重建完整的"地质书"所用的主要方法是基于

"重叠的原则"，示意图由图44给出。我们通过比对两个不同位置对应于连续沉积过程的单独片段，有可能注意到一个片段的上层与另一个片段下面的沉积层具有相同的性质。如果真的是这样，那么结论是显而易见的，第1个片段的上层沉降层与第2个片段的下层沉降层是在同一时期形成的。我们将对应着相同时期重叠的两个片段连接在一起，就得到了一个覆盖更大时间间隔的连续记录[1]。

　　然而，必须铭记在心的是，由于不同沉降物之间的纯物理特性和纯化学性质的区别都不是非常大，而且同种类的沉降物会随时间周期性地重复出现，所以如果沉降层中不包含对应不同时期的任何动植物的化石残留物，那么上述的重叠法就不会如此有效。事实上，历史地质学的发展与古生物学（即探索古生物的科学）的发展是分不开的。再结合表明陆地和海洋历史的完整地质之书，我们也可以得到生命进化的完整记录。

　　收集地球历史之书在各个地方散碎的书页工作以及将它们结合成一本一致的书籍，这样的工作在我们追溯到越遥远的历史时代一定会变得愈发困难。因此，当"沉降层之书"后面的部分至今相当完成之

1.一个相似的重叠法十分成功地应用在研究北美不同地区史前印第安村落的问题上。由于这种村落主要坐落在湖岸，所以人们在这些湖底发现了大量曾作为乡村建筑材料的石化原木。现在，我们都知道树桩横截面上年轮的图案就像人的指纹一样，它们是树木生长时间间隔的印记，取决于树木生命周期内的气候条件。事实上，在拥有充足降雨量的温暖夏日，对应的年轮会长得很厚，而在干旱的夏季，对应的年轮会是薄的。因此，如果人们发现两个原木部分的年轮是部分重叠的，他就能确定这两棵树生长在同一时期（对应于重叠时期）。将大量原木汇总，按照每一个原木外环更多地与下一个原木的中心环重合（也就是树木被砍倒不久之前，这个年轮才刚刚形成）的方式进行选择，就有可能建立一本连续的"树木之书"，覆盖了几个世纪的间隔。从这本书我们可以得到关于不同的原木被砍伐用于建筑的确切日期的信息。更有趣的是，在当时"气象学"一词还不为人所知时，我们还可以得到这个特定地区大致的气候变化记录。——作者注

时，早期的记录仍处于一个十分不完整的状态。这部书前面书页的分类变得相当困难，因为那时这些"书写"在地球上的生命要么根本就不存在，要么就是受限于有机体的最简单形式，在当时的沉降层中也并未留下任何痕迹。

完整的"沉降层之书"仍具有一个严重缺陷：它完全缺失了任何年代，虽然我们可以说，某一层是在另一层之后或者之前形成的，但是我们并不清楚是哪段时间将它们分开的。为了得到地质事件的"时间点"，对于不同类型物质的沉降率，有必要进行非常详尽但不确定的推测。因此，我们十分幸运地发现，放射性为我们提供了一个更简单而且更精确的建立地质时间轴的方法。

在第一章中，我们细致地介绍了一个获取时间的好方法，就是通过研究原石中所含铀和钍分解产物的相对含量，知道不同的原石是在什么时候固化的。对于在过去火山喷发中形成，不时在不同沉降层中发现的岩石应用这个方法，我们就可以在"沉降层之书"中"被书写下"的内容旁边不时地标注上大致的年代，从而给这本书加上最后一笔。

图45给出了地球表面演化的概貌，其中标注了不同时代和时期的名称，山体形成的连续过程以及主要的动植物种类。最右边所示的是"放射性时钟"给出的绝对时间轴。

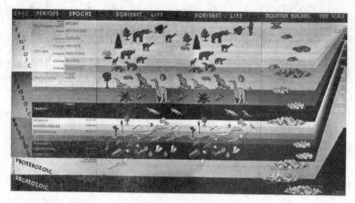

图45. 地质时间表
（由科罗拉多大学博物馆提供）

"沉降层之书"中的章节和段落

在一代又一代地理学家的努力下，所重建的"沉降层之书"，这部书无疑是一部涵盖最广泛的历史文档，人类历史上所有的厚书在它旁边都不过是一本无关紧要的小册子。平均来讲，大陆表面被雨水侵蚀掉的物质层厚度超过了一英里。不过，由于这些被解体的产物大多沉降在沿海岸线相对较小的区域，所以地质柱状剖面的实际厚度还要更厚。将这根柱的所有剖面整合在一起，我们得到了总厚度大约为60英里的断面，对应于每年增加大约0.04英寸厚。如果我们把一年的沉降当作"沉降层之书"当中一"页"的话，这个厚度正好和任何一本普通书籍一页纸的厚度差不多。这本"沉降物之书"的重建部分将拥有大约20亿页，页数与地球历史的年份是一样的。然而，现在，它的厚度仅对应着地球表面进化过程的后面部分，还有数十亿年早期大部分不完整的内容仍被藏于地表之下。如果继续与一本普通的书作类比，我们

118

必须记住，当然"地球之书"的一页并没有涵盖多少地球历史记录。为了感受到时代的变迁，我们至少要翻阅几十万张书页。而且，人类历史的书也是如此，虽然生活在这些时代的人们可能对年复一年的变化特别感兴趣，但是需要一段相当长时间才能显示出人类进化过程中任何有趣的变化。

　　"沉降层之书"最重要的一个特点是，就像其他任何一本书一样，它被分成了一些独立的章节，对应着之前讨论过的变革时期的造山运动以及中期的长时间淹没阶段。很难讲"沉降层之书"到底有多少章，因为它早期部分仍处于十分碎片化以及不完整的状态。只有最后三章，它涵盖了最近6亿年的历史，讲述了一个大致完整而连续的故事。最后这三章代表着地球上总生命跨度1/8左右的部分，而且特别有趣的是，正如我们指出的那样，实际上它们几乎涵盖了生命以化石形式在地球上留下记录的整个时期。这最后三章所描述的三段历史时期被称为地球历史的早古生代、晚古生代以及中生代。最后，在"沉降层之书"的结尾，我们发现了新生代这一章的开端，这一章最近才开始。在地质学术语中，"最近"这个词指的是"大约7000万年前"，而且这是完全合理的事实，因为相比于各章的平均长度都涵盖了一两亿年的跨度来讲，这段时期确实非常短。接下来，以一个造山变革期为起始，将地球历史自然划分成若干章之后，地理学家继续将独立的章划分成较小的段落。因此，早古生代被分成了寒武纪、奥陶纪、志留纪；而中生代被称为三叠纪、侏罗纪、白垩纪。这样的划分是完全任意的，而且名称是基于"地质柱状图的不同组成部分最初被研究的不同地理位置"这一事实。举例来说，对于寒武系岩层的首次发现和研究是在威尔士，因此这段时期就被命名为"寒武"（Cambria），这是古代威尔士的拉丁语名称，而"侏罗纪"这个名字也同样是指在法国和瑞士之间的侏罗山上首次发现的沉降物。然而，由于对地质时期的进一步划分并没有天然标准，所以这个被保留的术语仅仅是为了方便起见。

在接下来的章节中，我们对于地球历史中这些不同时期期间所发生的主要事件给出了简短介绍。

早期的不完整篇章

当然，"沉降层之书"的第一页当然要追溯到冰冷的地球表面接收到从天空落下第一滴雨的那一天，在原始的花岗岩地壳上第一条裂痕的出现开始了它破坏性的工作。与这个最早时代相对应产生的大部分沉降物都被隐藏在地球深处，并且只在极少数地方会出现在地表中。

20亿年前，这个早期广泛的沉降时期之后很明显发生了一次地壳褶皱的变革，被称作"劳伦造山运动"[1]，在此期间大块的熔融花岗岩被倾倒在这些沉积层上，而沉积层本身被抬升并隆起成为巨大的山峦。当然，要在现今的地质地图上找到这些山是徒然的，因为在几亿年前的雨水冲刷下，它们已经被彻底毁坏了。由于如此久远的沉积物现在只能在地表的几个地方找到（比如，加拿大东部），所以从它们剩下的山根形成这些早期山脉的地质分布是完全不可能的。

在第一个记录的山脉被侵蚀之后，大陆上很大一片区域重新被海水覆盖了，厚厚的新沉降层在前面的基础上累积在上面。之后发生了另

1.需要知道的是，这场变革不一定是在地表第一次发生的变革。事实上，先前可能已经有许多构造活动爆发，但是由于"沉降层之书"在那个时期仍不存在，所以我们没有办法对此进行判断。——作者注

一场变革(阿尔戈马造山运动),伴随着新的山体形成过程和新的花岗岩熔岩的侵入,之后又进入了漫长平静的沉降时期。接下来又是一场变革以及另一个沉降时期……

但是,读者可能对"变革"和"沉降期"这两个词不断重复都感到厌倦了,为了让他高兴起来,我们可以告诉他,再重复一遍之后,画布上的色彩就会丰富起来。事实上,在记录的第5次变革,即查米恩造山运动伊始,我们离开了地球生命的黑暗史前时期,并进入类似于人类史上古埃及的阶段。查米恩造山运动之后的沉降时期中所形成的沉降层在地球的许多地方被发现和研究,并呈现出地表变革比较完整的全局场景。另外,这一时期的沉降层以稳定的增速包含了越来越多不同种原始动物化石,这些化石对于在地球历史这部书中建立起的"页码顺序"有很大帮助。查米恩造山运动之后形成的沉降物展示了"沉降层之书"中3个完整的章节,再往上还有在最近的篇章初期所形成的相对较薄的一些沉降层,在此我们看到自己有幸被写进了这最新的篇章。

"沉降层之书"中完整的三章

开创了地球生存这个历史时期的查米恩造山运动的结果是,所有大陆板块被提升到了高于海平面的高度,它们的范围可能比现在要大得多。比如,在北美,这次整体提升导致了大西洋和太平洋海岸线回撤,从而导致今天被海洋覆盖的成百上千英里的区域都成为干燥的陆地。现在的墨西哥湾和加勒比海流域也曾经是陆地,现在仅一道狭长的地峡相连的南北美洲也曾是一块连续大陆,正如北美影像史的第一张地图所示意的一样(图48到图55)。和今天相比,在大西洋的另一侧,大陆向西延伸出的范围要远得多,尤其是一条名为"亚特兰蒂达"[1]的细长陆地从不列颠群岛一直延伸到了格陵兰。

不过,经历了之前所有的造山运动之后,被抬升的大陆慢慢开始沉入塑性地幔之下,连绵不断的大雨冲走了高山以及高原上的岩石物质。海水爬上了内陆并且覆盖了大陆的低洼表面,形成了不计其数的内陆海。在欧亚大陆上,海水穿透进入内部深处,形成了大量的内陆盆地,这些地方就是现在的德国、俄罗斯南部、西伯利亚南部以及中国的大部分地区。这片广阔的内陆海被高地所环绕,这一高地穿越了现今的苏格兰、斯堪的纳维亚(半岛)、西伯利亚北部、喜马拉雅山脉、高加索山脉、巴尔干半岛以及阿尔卑斯山[2]。然而,那段时期,非洲大陆看上去完全没有被水覆盖,它与欧洲大陆是通过干燥大陆所连接的,这块大陆延伸到了现在的地中海流域。澳大利亚北部被印度洋的海水所覆盖,而南部向南延伸直到南极地区。在大西洋西边,赤道地区的海洋几乎将美洲大陆分成两块(北美和南美),今日的墨西哥以及得克萨斯州的大部分地区都被淹没了。北太平洋的海水覆盖了北美洲中部的大部分土地,包括整个密西西比河流域、北美五大湖区域以及加拿大南部的部分地区。在赤道的南部,大西洋的海水形成了广阔的浅海,覆盖着现在巴西的大部分地方。

尽管这次大范围的覆盖是地球历史古生代早期这章最显著的特点,并持续了大约1.6亿年,我们仍然不能认为在这个时期是没有地壳运动的。事实上,出现了小型造山运动的一些痕迹,大陆地区发生的缓

1.当然,这块土地与古代神话中的"亚特兰蒂斯"并无关联,因为它在人类出现于地球上的几亿年前就已经存在了。——作者注
2.需要记住的是,在很久以前,这些高地就已经完全被侵蚀破坏掉了。现今在这些区域坐落的山脉是在相当长一段时间之后形成的。——作者注

慢提升和下沉使得内陆海连续地改变着海岸线的形状。不过所有这些变化都是小范围的,地壳中的应力逐渐聚集起来,直到公元前2.8亿年左右终于有了一次巨大的爆发,开启了"沉降层之书"中下一篇章:晚古生代名为"加里东造山运动"的地壳巨大扰动,这个名字来源于苏格兰和北爱尔兰中的同名山脉,在这一区域此次造山运动的影响尤其显著。这一变革的结果就是沿着横穿苏格兰、北海、斯堪的纳维亚半岛直到斯匹次卑尔根岛岛沿线拔地而起一座巨大山脉。

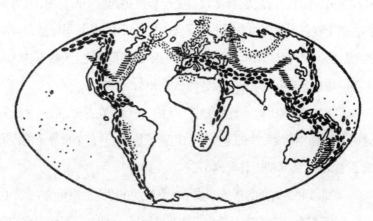

图46. 近3亿年3次巨大的造山运动: 1. 苏格兰造山运动的山脉(大约公元前3.2亿年),用小黑点表示; 2. 阿帕拉契亚造山运动山脉(大约公元前2亿年),用细线表示; 3. 拉拉米造山运动(公元前7000万到公元前3500万年之间),用大黑点表示。

这务山脉延伸并跨越了西伯利亚北部,形成了亚洲大陆北部的高海拔边界。另一条山脉从苏格兰穿越北大西洋一直延伸到格陵兰岛,将北冰洋完全从北大西洋中分割出去。北美洲的造山运动要比欧亚大陆稍晚一些,形成的高山山脉从加拿大最东部,穿越新斯科舍省,再沿着大西洋海岸一直向南延伸。在南美洲、非洲南部以及澳大利亚的许多地区也发生了十分显著的造山运动，从图46的地图中就可以看出，这张图上所示是加里东造山运动所造成的主要影响。

尽管加里东造山运动发生了大规模的构造活动，不过它显然远没有前一个造山运动发生得那么密集，而且大陆整体的提升程度就没有那么显著了。事实上，相比于查米恩造山运动期间，海水从大陆表面上完全撤离，加里东造山运动的提升使北美洲中央的内陆海完全保留了下来，连同欧洲中部和东部的大范围水体流域。加里东造山运动相对温和的另一个迹象是，它显然没有完全释放掉地壳中的应力，因为我们在整个晚古生代期间发现了更显著的地壳活动。从加里东造山运动到随后的阿帕拉契造山运动分隔出来的1.3亿年里曾发生了数不胜数的小型陆地抬升和下沉活动以及各种小型山脉的形成。

阿帕拉契造山运动开启了中生代的这一章，在此时，前一个浸入时期小范围内持续发生的地壳运动达到了顶峰，并在全世界范围内形成了许多高大绵延的山脉（图46）。

在北美洲，地壳的褶皱形成了一个顶点在得克萨斯州的V字形山系。这个系统的一个分支是沿着墨西哥湾海岸延伸的，一直到现在的阿帕拉契山所在的位置，而另一条分支向西北方向延展，形成了古老的落基山脉，并一直延伸到普吉特海湾。在欧洲，这次地壳挤压形成了从爱尔兰某地（或是从大西洋以外更远的地方）起始的一条长长的山脉，它穿过法国中部和德国南部，之后或许会与现在喜马拉雅山北部的亚洲山脉连接在一起。

就像过去所有其他山体一样，这些曾经宏伟一时的山脉在很久以前就被雨水摧毁了。而事实上，现在这些区域的某些部分仍然比大陆平原海拔稍高主要是由于之后地面的提升。现在的阿帕拉契山脉（阿帕拉契造山运动的名字就是从此而来）、孚日山脉以及苏台德山脉所保留的是公元前2亿年的残缺景象，提醒着人们这里昨日的辉煌。

中生代的下沉时期一直持续到距离现在仅有7 000万年的最近一次造山运动，它在许多方面类似于以前的下沉时期。不计其数的低地、沼泽以及浅海为统治着当时动物世界的大型蜥蜴提供了广袤的活动区域。

但是地壳中的应力又积蓄出了一股新力量，并且地球也为它最近一次的变革做着准备，这使得地球表面变成至今的模样。

最新一章的开篇

正如我们之前所说，最近的造山时代被称为"拉拉米造山运动"，始于大约7 000万年前，并且种种迹象表明，它时至今日仍在进行着。事实上，我们生活在这个变革期间并不意味着我们每天能期待看到新山峰像蘑菇一样从地面上长出来！正如我们所看到的，地壳的所有过程都以极其缓慢的速度发生，并且在人类存在的历史阶段所发生的所有地震和火山运动很可能都在为下一次巨大灾难做准备，下一次变革又会在某个意想不到的地方形成新山脉。而使我们猜测拉拉米造山运动仍远未结束的证据是基于这样一个事实：迄今为止，这最近一次变革所完成的一切活动（比如，落基山脉、阿尔卑斯山脉、安第斯山脉、喜马拉雅山脉等等）仍比之前任何一次变革所完成的成就要少很多。尽管"我们"的变革可能确实没有过去的变革那么惊天动地，不过作出"这次还没有像过去变革一样到达顶峰"这样的假设会更合理一些。

现在几乎所有存在于地表的山都是在这最后一次变革中隆起所形成的,如果我们认为"这次变革仍没有完成"的这一结论是正确的,那么,在"不久的将来"(当然从地质学角度来看),必然会有更多的山脉形成。

新生代这章开篇的7 000万年可以被随意分为如下6个连续的段落:古新世、始新世、渐新世、中新世、上新世以及更新世[1]。这些阶段中最近的一个阶段始于我们将在下一章中讨论的冰河时代,并且这个阶段延续到了现在。

拉拉米造山运动(图46)中最伟大的一个成就在于:亚洲南部地壳的褶皱形成了崭新的喜马拉雅山脉,高高耸立在周围的平原之上。这次褶皱伴随着可怕的火山爆发,空前数量的玄武质熔岩散布在周遭地区。比如,占据大部分印度半岛的德干高原就位于1万英尺厚的玄武岩层上,这些岩层就是这次褶皱期间倾倒在地表上的岩浆冷却的结果。

地下物质的另一次巨大喷发大约也是在同一时期,发生于日本地区。

在大西洋西部,拉拉米造山运动早期(古新世时期)发生的地壳挤压抬升起了一座几乎贯穿南北两极的巨大山脉,这两大山脉就是今天北美的落基山脉以及赤道南部的安第斯山脉。美国主要山地系统的形成也伴随着火山运动,其仅次于我们刚提到的印度的例子。火山喷发出的岩浆形成的熔岩层在有的地方竟有几千英尺深,在美国的华盛顿州和俄勒冈州形成了广袤的哥伦比亚高地。

1.前5个阶段经常被划分在"第三纪"这个统称之下,而最后一个阶段当时被称为接下来的"第四纪"。在一些分类中,古新世被划分在中生代之中。——作者注

变革"头几天"发生的这些大事件显然在一定程度上释放出地壳中的应力，所以接下来的始新世和渐新世的特征是相当平静的，并且使之前抬升起来的地面又沉了回去。不过，在接下来的中新世时代，也就是距第一次爆发大约仅有2 000万年时，造山运动又恢复了。地面再次被大幅度提升，使沉默静止时期爬上陆地的海岸线再一次从陆地退回，并且包括欧洲大陆的阿尔卑斯山脉和北美洲的喀斯喀特山脉在内的新山褶皱出现在了地表上。在接下来的上新世时期，造山变革的第二次爆发也在较小的规模上持续发生着，并且目前一直持续着。

游历地球历史

只要直上直下地穿越亚利桑那州北部和犹他州南部的相对较短距离就能获得关于地球历史的一个鲜明印象（图47）。北美大陆的这一区域在地质历史时期经历了一系列交叠的动荡和萧条，科罗拉多河和当地的支流截断了地面，并形成了深深的峡谷。

自驾旅行的人到达科罗拉多大峡谷南部的边缘时，也就是海平面之上7 000英尺左右的地方，一个4 500英尺深、10英里宽的惊天大沟迫使他们停车。要想继续向北前行，他们只能放弃舒适的汽车座椅，换乘骡子背上摇摇晃晃的马鞍，小心翼翼地沿着狭窄的小路到达峡谷底部。到达谷底，旅行者就能看见科罗拉多河水奔流的土黄色河水，正是它们在缓慢抬升的亚利桑那-犹他高原上挖掘出了深深的峡谷。湍急的水流流速在3英里/小时—10英里/小时变化。在一些地方，河流的宽度超出了300英尺，它的深度在12英尺到45英尺之间不等。可以估计的是，这个地区河道上科罗拉多河水中携带着将近百万吨的泥沙。而河水中固体物质颗粒就像砂纸一样打磨着河床，慢慢地挖掘到河床下更深处的固体岩石层。

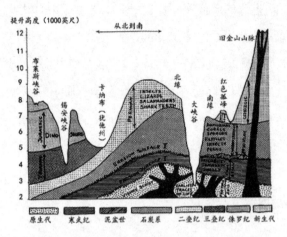

图47. 地壳高度概括的横截面图，它穿越了科罗拉多大峡谷、锡安峡谷和布赖斯峡谷。纵坐标的比例尺是横坐标的比例尺的60倍

当人站在横跨科罗拉多河的大桥之上，他的周围就会被近乎垂直的墙包围住了，这些墙高达1 500英尺左右。这些山墙被称为"毗瑟挐片岩"，它是古代沉积岩所形成的，其中花岗岩就像粗壮的血管一样渗透其中，这使得峡谷的那一部分获得了花岗岩峡谷的名字。在7亿多年前的元古代初期，这部分地区的陆地被海水淹没在下面，形成了砂岩和石灰岩厚厚的沉降层。这些沉降物显示出我们地球上最早的生命迹象。接下来，地壳侧向的挤压褶皱使这些沉降层成为雄伟的山峰，沉降层下面熔融的花岗岩块也从破碎的沉积岩裂缝被挤压向上。再之后，侵蚀过程将山体磨平了，将这一区域变成了平坦的熔岩高原，最终沉入海平面以下。

第一个侵蚀表面上层所沉积的1 000英尺的沉降层属于寒武纪。

在这其中也包含了不计其数的海藻化石、微型壳类化石、早期类蜗牛动物化石、三叶虫化石以及鲨类似物的化石，由于鲨的尺寸很大（可达3英寸），所以，当时它是当之无愧的统治者。

之后的两个阶段——奥陶纪和志留纪——在地球上的其他地区留有证据的时期，在科罗拉多大峡谷地区完全没有留下印记，只有泥盆纪时期有一些沉积的痕迹。显然这3个均跨越了大约1.5亿年的地质时期中，亚利桑那–犹他地区被提升到海平面以上，所以才没有形成任何沉降或者如果在此期间形成了任何海洋沉降，它们都会在之后的几百万年间，当这一地区被重新提升时，被洗刷殆尽了。因此，在第二段没有记录的时期之后，我们直接来到了石炭纪，在此期间又形成了超过2 000英尺的沉降层。求实的勘探者将这些地层称为"蓝石灰"，而科研地理学家则更倾向于"红墙石灰石"这个名字。那么，它到底是蓝色还是红色呢？说实话，在这个问题上，勘探者要比地理学家的观点更正确。形成科罗拉多大峡谷红墙的岩石实际上是蓝灰色的石灰岩，不过它们裸露的外表面被上层带来的含有铁氧化物的雨水染成了亮红色。无论如何，到科罗拉多大峡谷的观光客会看到横跨在中间的巨大红墙，就像维也纳小歌剧团总指挥胸口的红缎带一样。这条来自石炭纪的红色缎带富含那一时期的生命迹象：其中包含了许许多多蕨类植物、珊瑚、海绵的化石以及原始两栖和爬行动物脚印的化石。

最后，长话短说，我们提到的覆盖了科罗拉多大峡谷北部边缘的二叠纪沉降层，其中包含了有关那个时期动植物的大量信息。植物主要是蕨类、小型锥状灌木以及超过30个不同品种的树木，目前很多品种在地球的其他任何地方都找不到了。动物生命的依据来源于古代蠕虫、昆虫翅膀（长达4英寸）以及早期蜥蜴或者蝾螈类生物的脚印。这些脚印中大部分的脚印都是有5个脚趾的,并且有几英寸长。这里偶尔还会发现鲨鱼牙齿,证明这一区域曾几何时也完全沉没于海平面之下。

到达科罗拉多大峡谷以北地区(骑着骡子横穿了峡谷也好或者驾车绕行200英里以上也罢),穿过了美丽的卡纳布小城之后,旅行者就会到达锡安峡谷。相较于大多数旅行者参观科罗拉多大峡谷是(在峡谷两侧的边缘)从上往下看的,在锡安峡谷就需要人们从下向上看。并且站在穿流在峡谷间安静的维珍河河岸上,令旅行者感到难以置信的是,这样的一条小河竟挖掘出了这么深邃宽阔的峡谷。形成锡安峡谷断壁的岩石比科罗拉多大峡谷的墙壁相对要年轻许多,它们归属于中生代的三叠纪和侏罗纪。地理学家发现了充足的证据表明,大约在1亿年前,这里一定生存过鳄鱼样式的爬行动物、巨型两栖动物和恐龙,当时这里可能还是某个内陆湖或内陆河的海岸线,并且属于亚热带气候。从锡安小城再开不远就到了依然年轻的布赖斯峡谷,这里是由新生代的沉降层形成的。在这里我们再一次从上往下看,就会看到一幅类似于南达科他州荒地令人深刻的侵蚀景象,不过这里更加丰富多彩。

要想完整地描述科罗拉多大峡谷地区的地质构造,我们就必须提到由白垩纪沉降物形成的红色石丘,由于在新生代厚厚保护罩的庇护下从而躲避了侵蚀作用而被保留下来,还有新生代火山爆发所形成的旧金山山脉。

如今,旅行者被牢牢灌输了地球过去的秘密之后,就可以继续前往拉斯维加斯或是内华达州看看,感受知识性并没有那么强的另一种旅行的快乐。

北美影像史

在前面几节中, 我们给出了可以在 "沉降层之书" 中读到的陆地历史的一个简短摘要。很自然的, 我们需要受限于变革时期以及缓慢衰退和淹没的中间时期的大致特征, 以此将 "沉降层之书" 划分成界限清晰的章节。不过, 我们曾经提到过, 较小范围的变化一直在发生, 造成地球表面的不断更迭。为了将所有这些变化连续不断地显示出来, 我们至少每100年就要画1张单独的地图, 然后将所有的地图用电影放映机播放出来。先暂且不谈人们现在的地质知识储备远远不够完善地将这个项目进行下去, 只是这部每一帧都代表一个世纪地球历史的电影, 需要日夜不停地连续播放两周以上才能放映完(以电影标准播放速度, 每秒16帧来计算)。

因此, 我们将这项浩瀚的工程减少到较适中的规模, 给出了32张单独的地图(如图48–55), 来表示北美洲在5亿年间的变化。这些图片改编自查尔斯·舒克特的古地理图, 由查尔斯·舒克特和卡尔·O·邓巴发表于《历史地质学》这部书中。

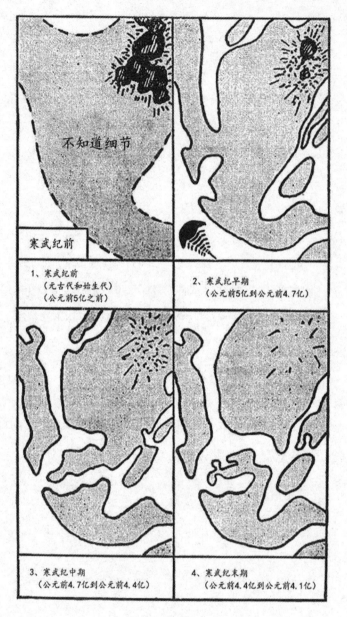

不知道细节

寒武纪前

| 1、寒武纪前
（元古代和始生代）
（公元前5亿之前） | 2、寒武纪早期
（公元前5亿到公元前4.7亿） |
| 3、寒武纪中期
（公元前4.7亿到公元前4.4亿） | 4、寒武纪末期
（公元前4.4亿到公元前4.1亿） |

图48

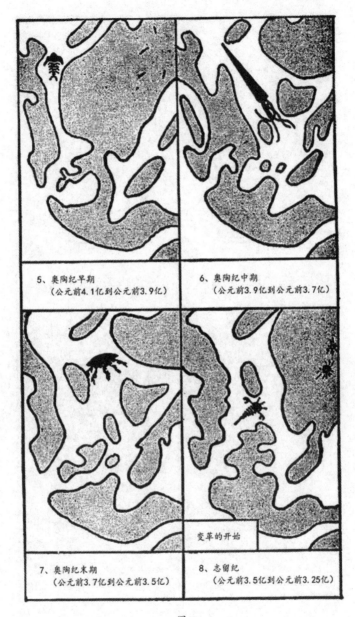

5、奥陶纪早期
（公元前4.1亿到公元前3.9亿）

6、奥陶纪中期
（公元前3.9亿到公元前3.7亿）

变革的开始

7、奥陶纪末期
（公元前3.7亿到公元前3.5亿）

8、志留纪
（公元前3.5亿到公元前3.25亿）

图49

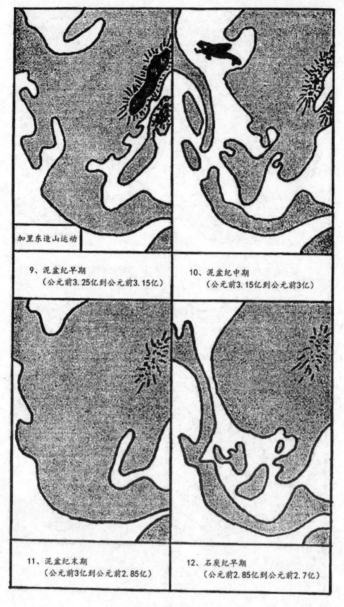

加里东造山运动

9、泥盆纪早期
（公元前3.25亿到公元前3.15亿）

10、泥盆纪中期
（公元前3.15亿到公元前3亿）

11、泥盆纪末期
（公元前3亿到公元前2.85亿）

12、石炭纪早期
（公元前2.85亿到公元前2.7亿）

图50

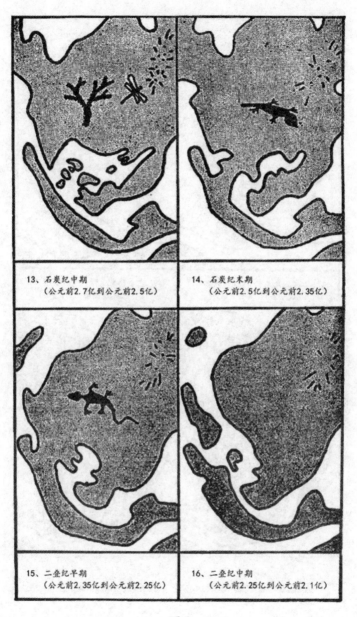

13、石炭纪中期
（公元前2.7亿到公元前2.5亿）

14、石炭纪末期
（公元前2.5亿到公元前2.35亿）

15、二叠纪早期
（公元前2.35亿到公元前2.25亿）

16、二叠纪中期
（公元前2.25亿到公元前2.1亿）

图51

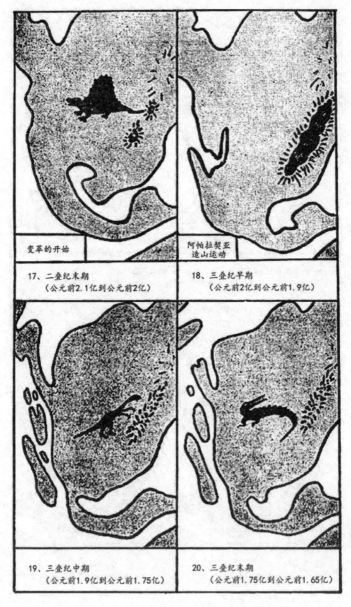

变革的开始

阿帕拉契亚
造山运动

17、二叠纪末期
　　（公元前2.1亿到公元前2亿）

18、三叠纪早期
　　（公元前2亿到公元前1.9亿）

19、三叠纪中期
　　（公元前1.9亿到公元前1.75亿）

20、三叠纪末期
　　（公元前1.75亿到公元前1.65亿）

图52

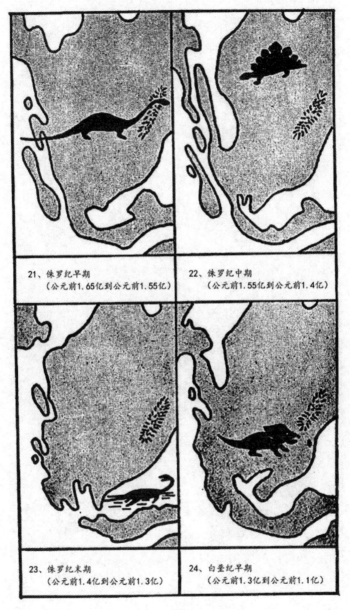

21、侏罗纪早期
　　（公元前1.65亿到公元前1.55亿）

22、侏罗纪中期
　　（公元前1.55亿到公元前1.4亿）

23、侏罗纪末期
　　（公元前1.4亿到公元前1.3亿）

24、白垩纪早期
　　（公元前1.3亿到公元前1.1亿）

图53

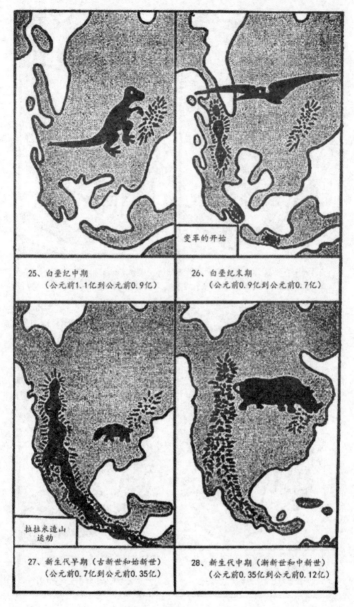

变革的开始

25、白垩纪中期
　　（公元前1.1亿到公元前0.9亿）

26、白垩纪末期
　　（公元前0.9亿到公元前0.7亿）

拉拉米造山
运动

27、新生代早期（古新世和始新世）
　　（公元前0.7亿到公元前0.35亿）

28、新生代中期（渐新世和中新世）
　　（公元前0.35亿到公元前0.12亿）

图54

29、新生代末期（上新世）
（公元前1200万到公元前100万）

30、第四纪初期（更新世）
（公元前100万到公元前1万）

31、第四纪末期（现在）
（公元前1万到现在）

32、未来

图55

古生物学领域的好奇心

地理学家和古生物学家在他们的工作中经常会遇到谜题，用其中一个谜题的解当作例子来结束本章的内容就再合适不过了。通过他们的努力或者是碰运气而得到的答案要比当今充斥在图书市场中大量的侦探小说中类似于"谁杀死了知更鸟"这类问题的答案要更加惊人。

在美国怀俄明州及其附近山区的许多地方，有人发现了十分稀奇的东西，这是一些石块，它们的主要成分是花岗岩，直径有几英寸，形状很像鹅卵石，而且具有光滑的抛光表面。印度的手工艺人将陶器放进烧窑之前就把它们用作陶器的光滑表面。这些花岗岩的表面如何变得如此光滑的呢？我们知道，海浪拍打在岸上，会铲走一些砂石，并将它们变成光滑的椭球型。但是这些在海岸线看到的鹅卵石表面是钝的，光泽度没法与怀俄明州发现的石头相比。另外，北美洲大陆的这一区域从未接触过海水。

一代又一代的地理学家在这个问题绞尽了脑汁却没有取得任何进展。然后这个谜题的答案以一种相当出人意料的方式出现了。其中一支科考队挖掘出了一具恐龙骨架，在美国的这个地区经常可以找到这种历史遗迹。在这头古老巨兽的肋骨化石间，也就是恰好是它的胃所在的位置，大约有12块抛光得发亮的花岗岩石头。

"基本演绎法，我亲爱的华生，"夏洛克·福尔摩斯一定会这样说，"如果你曾在农场生活过，你就会想起鸡通常会吞下一些小鹅卵石，这些可以帮助它们在胃里研磨食物。所以，恐龙很显然也有相同的习性，但由于它们比鸡体型大得多，所以它们吞食的石头相对要更大些。你所见到的正是几百万年前经过恐龙胃部肌肉打磨出来的发亮表面。"而事实也正是如此。

第六章 天气和气候

"空气父亲"

环绕着地球的大气就像一层薄而透明的面纱，而我们就生活在广阔的空气海洋的底部。1/4的大气在新墨西哥州圣达菲的海拔以下，也就是海拔7 000英尺以下，1/2的大气在亚拉拉特山的海拔1.65万英尺以下，3/4的大气在珠穆朗玛峰的高度3万英尺以下。不过，高度稀薄的地球大气边缘在地表上方几百英里的高度，而且也很难说我们的大气层在什么地方变成了充满整个星际空间的稀薄气体。地球大气的总重量是5000万亿吨，虽然这个数字本身很大，但是只是海洋中海水总重的0.3%。空气组成中有75.5%是氮气，23.1%是氧气，0.9%是惰性气体氩气，0.03%是二氧化碳以及微量的其他气体。在高达6英里左右的海拔高度，空气中富含了大量水蒸气，这是海洋和地表上水分蒸发之后，由上升的对流气流带到高空中的。当暖空气上升，它会膨胀并降温，这解释了为什么随着海拔上升温度就会稳步降低。在海拔$1\frac{1}{2}$英里的高度，气温会降至水的冰点温度，并会稳定地持续降低，在海拔6英里的高度降至大约-100℉。垂直方向的对流气流不会穿透这个高度，并且海拔较高的大气仍然保持着干燥和恒定的温度。这部分直到海拔6英里处的地球大气被称为"对流层"，"对流层"中发生的物理现象对于地表生命来说具有重大意义。暴风雨、飓风、龙卷风和台风都起源于此，各种云也在此形成，雨、雪和冰雹降到我们身上。"对流层"的上限之上，气候条件就缓和得多，这里的天空总是蔚蓝色的。这里被称为"平流层"，飞行员喜欢在平缓的平流层航行。图56所示是随着海拔增加，大气温度的变化。

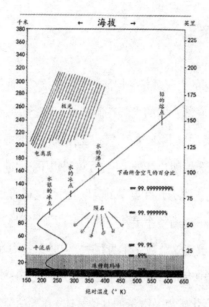

图56. 地球大气的截面

除了化学性质不活泼的惰性气体氩气以外, 空气中的其他所有成分对于地球上生命维持起着至关重要的作用。蛋白质是形成所有有生命的有机体的重要组成部分, 它主要是由碳、氢、氧、氮元素组成的。正在生长的植物在阳光的作用下从大气中吸收并分解二氧化碳来获得碳元素。碳元素被用于合成糖类和其他有机物, 而氧气被植物释放回大气。氢元素和氧元素以水的形式由植物的根从土壤中吸收, 土壤中的水分来自于降雨。空气中的氮气被土壤中某些细菌所吸收, 并转化成各种植物生长所必需的肥料。所以, 当我们将土壤比喻成"大地母亲"时, 不要忘记重要的"空气父亲", 这样才是公平的。

从另一个角度来说, 地表上生存的动植物也会对大气的组成造成巨大的影响。有人曾经估计过，植物每年会吸收5 000亿吨二氧化碳并将其转化成有机物。这个数据大约是大气中二氧化碳总含量的1/3，如果二氧化碳没有持续地得到补充，那么在短短的3年间，地球大气中的二氧化碳就会被消耗殆尽。在此需要提到的是，二氧化碳的吸收总量中仅有1/10是由于草地、灌木、树木的作用，而其他的9/10是由于海洋中藻类植物的作用。大气中消耗掉的二氧化碳是靠动植物的呼吸作用（植物在夜间消耗氧气）、腐烂死去的植物以及凋落的叶子的腐败过程，外加上偶尔发生的森林火灾过程中所产生的二氧化碳来获得补给的。所以，在几千年中，大气中的二氧化碳含量保持着稳固的平衡。

如果地球上没有有机生命体，那么大气中的氧气会由于多种无机氧化作用而逐渐消失，大部分将会被转化成二氧化碳。这一情形似乎在金星上发生过，因为根据光谱学分析，金星的大气中含有大量的二氧化碳，而并没有发现游离氧的踪迹。这一事实强有力地预示着：在那个星球的表面上并没有生命存在。

地球大气的另一个重要功能是将地球变成一个巨大的温室，将它保持在平均温度60℉左右，如果没有大气的话温度会更高。兰花或是草莓这类植物所生长的温室的功能是基于这样一个事实：由于温室的玻璃对于可见光近乎完全透明，可以保留大部分太阳能不丢失，又对于在太阳辐射下被加热物体所释放出的热量光线是不透明的，所以可以产生温室的功能。因此，通过温室玻璃顶棚进入的太阳能被关在了里面，将内部的温度保持在远高于外界温度的水平。对于我们的大气来说，二氧化碳和水蒸气起到玻璃的作用，尽管它们的含量很少，但仍吸收了从地球温暖地表辐射出大量的热射线，并将它们反射回地表。于是，在白天，对流气流从地表上带走的多余热量在寒冷的夜间又重新补给回大地。当把地球和月球做对比时，这种大气的缓和作用就会更加显著，月球获取的热量与地球同样多，但它并没有大气。通过名为"辐射热测定器"的特殊热敏仪器对月球表面进行温度测量，结果显示，月球的亮面岩石温度可达到214℉，而月球暗面的温度低至-243℉。因此，如果地球并没有大气层的话，白天之中水就会沸腾，而到了夜间酒精就会凝结成冰！

当地球大气控制着可见光，使地表保持温暖而又舒适的时候，它还保护着我们免受来自太阳不太令人愉快的各种辐射的作用。除了可见光，我们知道太阳也在放射着大量的紫外线、X射线以及高能粒子，如果它们能一直穿透到地表上，将会对动植物造成致命的影响。不过，所有这些危险的射线都被上层大气吸收了，只有微量的紫外线穿透过来，这刚好能把沙滩上度假的人晒成古铜色的皮肤。

最后，也是很重要的一点，我们的大气使我们免受大小不同陨石的撞击（除了最大的陨石，它撞击地球的概率极低）以及免受人造卫星或运载火箭的撞击，在它们重新进入大气层之后会完全燃烧和解体。

地球上的能量平衡

实际上，地表上发生的所有事件都取决于太阳辐射所提供的能量（除了地震和火山爆发）。从太阳到地球的距离，地球大气外表面每平方英寸的面积接收到的太阳辐射大约是1瓦特，这几乎不足以使一个小手电筒的灯泡亮起来。但是，如果将其乘以我们所获得的地球几何横截面积，就可以得到从太阳到地球的总能量为1 700亿兆瓦特[1]。所有入

1.一兆瓦特等于100万瓦特。一个电灯泡需平均要60瓦特。——作者注

射能量40%左右的能量都会被遮盖住地表一半面积的云层所反射，而且有一部分也会被吸收，还有15%的热量还未到达地面就被大气吸收。因此，大约只有45%的总入射太阳能（大约750亿兆瓦特）到达了陆地和海洋，并被地表所吸收。而这些接收到能量的1/4左右（即200亿兆瓦特），主要用在了海洋表面每天发生的1万亿吨水的蒸发过程中。被风带走的水蒸气随后又遇冷凝成了云，为干旱的大陆沐浴清新的雨水。大约20亿兆瓦特用于维持气流和洋流，它们把地表接收到能量的15%左右从热带地区运送到了极地地区。大约70亿兆瓦特被植物所吸收，仅有不到这一数值的0.5%（即3亿兆瓦特），被用于光合作用过程。地表接收到的剩余能量要么是从地表辐射回到宇宙空间中，要么是从大气辐射回到宇宙空间中。如果我们将入射的太阳能分布以图表形式简要地表示，按照能量流的比例大小画出对应于这个管道系统分支横截面宽度的话，我们就可以获得如图57所示的示意图。

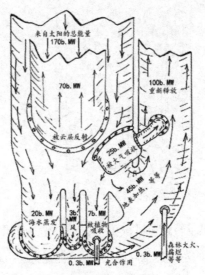

图57. 地球的热量平衡

149

现在，我们可以随着图58所示的管道系统，来看看植物有机物生产过程中的能量分布。大部分的能量都浪费了，只有2%的植物合成材料被地球上的人作为蔬菜食用，另外1.5%被用来喂养家畜，还有1%被当作薪柴，用于家庭供暖和做饭或是用于工业目的。从动物食道到人类食道间狭小的连接表示的是人类的肉食供应，其余的人类食物则来源于植物和鱼类。柴火管道上标注了300万兆瓦特的能量，流入一个比它更宽的管道，这条管道可以输送通过燃烧煤、石油和天然气获得的3000万兆瓦特的能量。由于过去久远的地质时代生长植物的光合作用，我们才拥有了这些不可替代的能源。

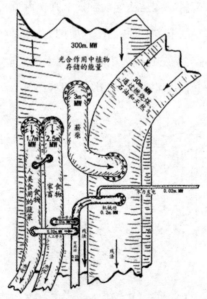

图58. 生命过程的热量平衡

当我们把热量转化为机械功，就会承受巨大的损失。煤、石油、天然气和木柴总的燃烧热量仅提供了20万兆瓦特的机械能。在此基础上，加上人力做工产生的2万兆瓦特的机械能和役畜做工产生的1万兆瓦特的机械能。从主要能源太阳能之外直接输入的微型管道,这条管道上标注着2万兆瓦的能量,它代表着水电站提供的能量。

全球大气环流

地表上不同位置接收到的太阳能数量取决于它们的地理位置。在赤道地区,正午时分太阳几乎在头顶上直射,所以接收到的能量最多。而在极地地区,太阳很少会从地平线升起,所以只接收到很少的热量。所有读者都会记得,在他们的学生时代,这个事实让前面的情况变得有些复杂,即地球的自转轴并不是完全垂直于它所在公转轨道的平面,而是有一个23.5°的夹角。由于地球绕着太阳运行时,地球的自转轨道总是在空间中保持着相同的角度,而地球每年都围绕着太阳运行,所以一个半年是北半球朝向太阳,而另一个半年是南半球朝向太阳,朝向太阳的那段时间相应地就会获得更多热量。在两个半球上接收热量多少的周期性变化产生了四季更迭,北半球的冬天对应着南半球的夏天,反之亦然。从两极而来的冷空气向着赤道地区运行,替换了暖空气,并因此产生了大气环流。如果地球没有绕着自转轴自转,大气环流就会变得相当简单。赤道地区被太阳射线加热的空气会上升,会被从极地地区沿地表而来的冷空气替换掉。上升的暖空气就会冷却下来,沿着高海拔从南向北替代沿低海拔向赤道流动的冷空气。如果这就是事实,那么整个北半球总会感受到寒冷的北风,而南半球的情况则会相反。但是,由于地球自转,从极地向赤道运行的冷气团以及从赤道向两极运行的暖气团会从它们笔直的经向上偏离。这个偏离的原因不难理解。由于我们的地球作为一个固态球体在旋转,所以它表面上点的速度会随着纬度的增加而减小。在赤道上速度大约为1 000英里/小时；而在纽约的纬度，速度只有900英里/小时；在阿拉斯加和哈德逊湾的纬度，速度为800英里/小时；在斯匹次卑尔根岛的纬度，速度仅为640英里/小时；在两极的极点，速度当然是0。由于惯性的基本定律，沿着地球表面从两极到赤道的冷空气气团会保持它们的初始速度，所以可以这么说，它们要经过的地面会跑在它们前面。在地面的观察者会看到，从北边而来的冷风会向西偏离。这种从东北方向向西南方向刮的风被称为"东风带"。同样的，从赤道地区向两极运行的气团会进入地面速度小于气团初始速度的纬度地区。结果气团就会以较高的速度在较低速度的地面上空运行，气流就会向东偏转。这种情况下，观测者就会看到从西南刮向东北的风，被称为"西风带"。

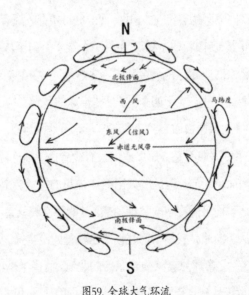

图59. 全球大气环流

由于从极地到赤道运行的气团和反方向运行的气团两侧会有大气逸出，所以当地球不自转时，在南半球和北半球就会形成两个巨大的气旋,就像齿轮箱中的木齿轮一样,把齿轮拆分成许多更小的彼此间相互连接的循环系统(图59)。如下图所示,两个半球上分别有3个分离的循环系统:

1.极地地区,从两极分别到大约北纬60°或南纬60°的区域。这里的冷空气主要从东向西运行,形成了两个巨大的冰冷气旋,描述了北极地区和南极地区的特征。

2.温带地区,在北纬或南纬60°到30°之间(从北美洲度哈德逊湾到佛罗里达州),这一区域盛行西风。

3.亚热带地区,在赤道周围形成了一条宽60°的带子,这里的暖风主要从东向西刮。它们被称为"信风",为中南美洲的西班牙和葡萄牙的探险者提供了很大帮助。

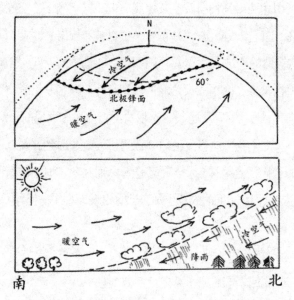

图60.上图:北极锋面的前进。下图:冷暖空气的较量

然而,每个区域内部的风是相对稳定和强烈的,而在气流主要上

153

下运行的区域边界地区几乎是处于无风状态。温带和亚热带大气环流区之间的边界被称为"马纬度"，人们认为这个名字起源于通过大帆船把马从欧洲运到美国的时期。由于长时间平静无风，帆船在横渡海洋时被耽搁了，人们不得不把马扔到了海里，因为船上没有足够的草料给它们吃，所以传说中北太平洋沿着30°纬线的海底覆盖了不计其数的马的骸骨。类似的，沿着赤道没有适宜航海海风的那条纬度带也被水手们称为"赤道无风带"。

极地风和温带地区盛行的西风之间的边界被称为"极地锋面"，这对于温带地区的气候条件有着重要影响（图60，上图）。这些边界区实质上是不稳定的，从极地区域而来的冷空气和从较低纬度而来的湿暖空气之间总会发生冲突。由于冷空气比暖空气要重一些，所以两组汹涌的气团相互碰撞使得暖空气像爬山坡一样爬到了冷空气顶端。由于被抬高，湿暖空气降温，其中的水蒸气也被释放出去形成了厚重的云层。极地锋面的前进或后退总伴随着雨、雪和强风天气，使涉及地区的居民就像被夹在两军战火之间的城镇百姓一样苦不堪言。极地锋向北还是向南摇摆是不可预测的，这取决于极地风和西风的相对强度，有时在一天之中就会漂移多达1 000英里那么远。总地来说，北极峰面在夏季时会向极点偏移（远至哈德逊湾），而在冬季时会向南偏移（远至佛罗里达），让这里的农场主为自己的柑橘园捏了一把汗（图60，下图）。

气流和海洋洋流

覆盖了70%地表面积的海洋上空运行的全球风对于水体运动的

影响被称为"洋流"。不过,当大气环流很大程度并不受限于地球的表面特征时,洋流会因为大陆将各种大型流域分离而受到很大限制。地球的洋流系统由图61所示,这是一张相当不寻常的地球投影,这种特殊的设计可以用一张图将所有重要的海洋表示出来。

图61. 世界洋流,来自W·芒克。北冰洋上加的箭头表示的是近年来俄罗斯对冰原漂移的研究

第一眼看上去洋流的形势是如此复杂,以至于不可能简单地将它解释出来。但是,对这一问题更细致的研究表明,大气环流和海洋环流之间存在着一种确切联系。对于海洋盆地的一个高度简化模型由图62所示,这可以是太平洋也可以是大西洋。左右两边的阴影区代表着周围限制主要海洋盆地的大陆屏障(北美和南美,欧亚大陆加上非洲,反之亦然)。北部我们有北冰洋,对应着南部的南极洲大陆。主要的风由图上较大的白色箭头表示。黑色小箭头表示的是这些风可能导致的洋流方向。在赤道两侧,向西的信风产生了北赤道洋流和南赤道洋流,它们

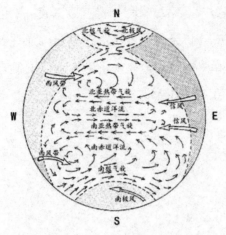

图62. 盛行风和洋流之间的关系草图（无论是对大西洋还是
对太平洋均成立）

的方向与信风的方向相同。这两股洋流都被平静的赤道无风带地区相反方向的洋流补偿。较低纬度的东风（信风）以及较高纬度的西风相结合，产生了两组亚热带气旋，在北半球是顺时针方向，在南半球则是逆时针方向。不过，南北半球对称的规律在极地被打破。北冰洋的海水受到了极地东风影响，形成了北极气旋，沿着从东向西的方向流动。而在地球另一端的情况则完全不同，因为一个事实：我们这里没有开放的北冰洋，而有一块和北冰洋面积差不多的南极大陆。因此，南极风对于海水运动的影响是不起作用的，这里占主导作用的是西风，它们使得海水绕着南极洲从西向东运行。将这个十分简化的理论情形与图61给出的真实洋流图进行对比，我们会发现它们大致上是相似的，尽管简化图中的海洋形状被大陆不规则的海岸线挤得发生严重变形。

大气气旋

在向南推进的北极冷空气和努力阻止其前进的暖气团之间持久的征战导致锋面线发生了弯折和扭曲，局势往往会发展到军事上称为"不稳定"的地步，在这种情况下，两条敌对的战线就会相互纠缠一起陷入绝境。如图63所示，冷气团试图从某些战斗领域的左侧进行"包抄"，并到达对峙暖气团的后方。在这种情况下，暖气团会在前方东部穿透与冷气团产生的锋面线，冷气团也会在西部找到突破口。这样相互贯穿的结果是，两组对峙的气团开始旋转（图63）。由于往南边去的冷气团总是向西偏移，而向北前进的暖气团总会向东偏转，所以产生的漩涡，学术名称为"气旋"，在北半球总是逆时针旋转。我们也很容易观察到，在南极极面形成的同种气旋会以相反方向旋转（即顺时针方向）。新形成的旋风从孕育出它们的极地锋面处脱离，初始的狂躁也平静了许多，它们移动到了温带，在这些纬度盛行的西风驱使下向东移动。旋风的平均速度为500英里/天，周一报道的在美国西海岸的旋风在下一个周末就会到达美国东海岸。

因此，我们看到的旋风就像巨大的空气储藏室，里面的气团向扰动中心旋转，之后几乎垂直地冲上天。这类大气运动通常伴随着越接近中心部分气压就越低，因为空气自发地从高气压区向低气压区运动。因此，预报的气压持续并迅速地降低就几乎可以肯定地确定一个气旋在接近。由于接近地面的空气中通常含有大量的湿气，并且当它们在气旋的中央区域升高时会被迅速冷却，所以气旋途经的地方总是有水蒸气凝结成的厚厚云层。

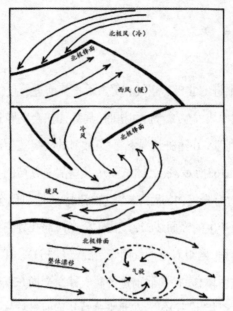

图63. 旋风的形成

　　由于气旋中地面空气的上升，在它们之间的区域，寒冷干燥的气团就会从上面向地面沉降。向下的空气受到压缩，会变得温暖舒适并且依然干燥，并且从中心处向外扩散。地球自转再一次发挥着决定性作用，沉降空气的扩散运动于是具有了旋转特征，在北半球以顺时针方向旋转（南半球则是逆时针方向）。这些所谓的"反气旋"要比强烈的气旋讨人喜欢得多。反气旋时空气是温暖而干燥的，风也比较温和，这样的天气下太阳会出现在晴朗无云的蓝天中。

　　与旋风"血缘"相近的是它们侵略性更强的"姐妹们"：热带飓风，在东方它们被称为"台风"（用"姐妹"这个词是因为台风通常是由女性名字命名的）。它们的起源对于气象学家来说仍有许多谜团，不过它们很可能是由于温带和亚热带区域大气环流沿着锋面区域的风系之间对抗产生的结果。由于热带区域会比极地区域接收到更多的太阳能，而且热带地区空气湿度会大很多，所以这里大气气旋的所有特性都会被强烈地放大。就像旋风一样，它们伴随着气团竖直方向的运动，并且会沿着逆时针方向旋转。它们比普通旋风的规模更小，却更猛烈，风速范围从75英里/小时到150英里/小时以上，它们在地表上运行的速度可高达1 000英里/天。大多数台风起源于亚热带地区海洋的表面，它们向北移动（南半球则是向南移动），给温带地区的城市带来危险和毁灭性打击。因此，我们可以这样说，温带地区的居民不断地遭受着从南北两个方向的侵略者袭击。

云、雨、雷电

我们之前已经说过，云是由于气团中水蒸气的液化形成的，垂直的空气对流会将湿润的气团带到上空。事实上，云不过就是一大团雾，其中微小的小水珠漂浮在空气中。或许其中最重要，也是最美的一个现象就是所谓的"积云"，在晴朗温和的夏日时光它们会出现在高空中。在大陆和海洋表面，阳光中的热量蒸发出的水蒸气冷凝产生了"积云"，它们通常会出现在反气旋的宁静地带。在一定的空气循环条件下，"积云"中的空气流动使一些细小水滴会扩展得越来越大，而被消耗的其他水滴则会越来越小直至最终消失。增长的水滴最终变得如此大而重，以至于空气阻力再也无法承受它们的重量，于是它们便开始从云中落下，捕获更多的湿气从而变得更大。当这一幕发生时，清新的夏日阵雨就会落到我们头上。

另一种"平和"增长的云被称为"卷云"（"cirrus cloud"，拉丁语

中的 "cirrus" 是 "羽毛" 的意思），它们比 "积云" 飘浮在更高的海拔上。位于这个海拔高度的空气十分寒冷，卷云中取代微小水滴的是微小的冰晶。夜间当一片卷云遮住了月亮，从冰晶上反射出的月光就会在月球周围形成一圈迷人的光晕。

与温柔美丽的 "积云" 和 "卷云" 形成鲜明对比的是在极地锋面、旋风或是龙卷风这种更激烈的活动里形成的云。在这期间，由于空气的剧烈运动，大团湿润的空气被迅速提升到了高海拔地区，水蒸气的冷凝也以空前的规模进行着。结果导致了沉重密集云朵的形成，被称为 "雨云"，它们在地表上大范围的延伸着。由于在这些海拔高度，气温要比水的冰点低很多，所以水蒸气凝结成微小的冰晶，它们从云层中落下，结合越来越多的水蒸气，体积也随着增大。如果云层底部和地球表面之间的大气是温暖的，比如是在夏季，那么，这些冰晶也许再次融化成水滴，从而导致大量而持续的降雨。不过，如果是在冬季，它们就会保持没有融化的状态落下而形成降雪。

在对流层的扰动区域发生的剧烈活动产生了同等剧烈程度的电力干扰，在一朵云的不同部位与临近的云朵之间以及云层与地面间产生了几百万伏特的压差。结果就是耀眼的闪电和轰鸣的雷声。在旧时代，人们相信雷电是神圣的铁匠，雷神用他的巨锤敲击天上的铁砧产生的。我们现在不这么认为了，不过我们必须承认对于雷电的解释，我们无法比古代神话更好地解释它们。在半个世纪之前，英国物理学家 C·T·R·威尔逊的发现可能会透露真相的一角，他证明了相较于带正电的空气粒子，水蒸气更容易附着在带负电的空气粒子上。因此，负电荷被雨水粒子带到了云朵下部，而正电荷被留在了云朵上部。这将会在云朵间以及云层和地面之间累积足以形成闪电的高压差。不过，所有关于雷电的现象都十分复杂, 研究这类问题的科学家们持有许多不同观点。

天气的预测和控制

天气预报的不准确是公认的, 一首耳熟能详的英文诗就在讽刺这件事情:

> 要么冷, 要么热,
>
> 知不知道天气, 都一样。

德米安·比爱德尼还写了一个不那么鲜为人知的俄文版本。这首诗中, 有一段是关于店铺橱窗外挂着的晴雨表, 旁边还有广告标语写着 "大甩卖! 晴雨表———一台能预测天气的装置!" 比爱德尼是这么写的:

> 某个傻瓜才会觉得是买到了宝,
>
> 他买到手以后(听信了这个谎言),
>
> 咧嘴看着售货员傻笑。"现在教教我," 他说,
>
> "哪根指针指明了天气——是下面那根还是上面那根?"

> "随你,
>
> 都可以。
>
> 你把它放在窗户外面, 并从一数到十,

多等一会再看一下结果；

如果你发现晴雨表干了，

那就说明蓝天中看不到云朵。

如果它湿了，那就说明在下雨。"

傻瓜大声呼喊：

"你让我买了什么破装置！根本没有用！

我自己就能判断出这些，我自己的确就能！"

"那很明显嘛，"

售货员说，打心里嘲笑他，

"你当然能。"……[1]

　　不过，现代气象学在天气预报这方面就显得相当出色。从世界各地散布的许许多多气象台将气压、温度、湿度、风向和风力等信息传送给中央气象办公室。在这些数据基础上，气象学家可以建立所谓的"天气图"，图上可以显示出天气模式日复一日的变化，从而可以帮助气象学家预测天气，在一定的可信度范围内，短期内的气象条件是可以被预测出来的。24小时内的两张气象模式变化图，可能显示出高气压地区（反气旋）的中心第一天在犹他州，第二天就迁移到了亚利桑那州北部，低气压区（气旋）的中心第一天在堪萨斯州东南部，第二天就转移到了宾夕法尼亚州东部。观察到了这些变化，经验丰富的气象预报员就会比较肯定地预测出明天、后天乃至于未来一周的天气模式是什么样。知道了气旋和反气旋主导的不同地区的天气状况，他们就能猜测"下个周末"的天气是否适宜野餐，或者是否应该向哈特拉斯角的渔民们给出暴风雨警报。

但是，尽管天气预报在很多情况下都比较准确了，但是这种预测天气的方法仍然更像是一门艺术，而非一门科学。现在的趋势是：关于将天气预测的工作交给高速电子计算机，现在的趋势更多的仍处于设想当中，而真正的行动却相对较少。基于地表上观测的数据、不同海拔高度的气球或火箭获得的数据以及更现代气象卫星的数据，计算机应当可以计算出气团运动的复杂流体动力学问题。不可否认的是，求解这些问题是困难的，但是确实值得付出任何努力。

一旦可以通过计算机完成预测，气象学家便也能解决气象控制的问题，至少在某些限制内可以完成。地表条件相对较小的变化很可能就可以使气象模式产生实质性变化。散布在格陵兰冰川之上的，装载了煤粉的数百架轰炸机可以增加那一区域对于太阳辐射的吸收，这将影响从北极锋面而来的冷气团的运动。来自洛斯阿拉莫斯科学实验室的斯坦尼斯拉夫·乌兰同样认为，在热带飓风的风眼附近引爆的小型原子弹可以改变飓风的原始轨迹，并拯救大西洋沿海城市众多人民的生命和财产。

但是，在我们知道如何使用快速的电子计算机来准确预测一般天气之前，人类对天气可能产生的影响是无法评估的。

气候史

气候是谜一样的词语。气候专家会将其定义为一个列表，列表上面显示的是一年中每个月的最高和最低温度、绝对和相对湿度、晴天数量、非晴天中天空被覆盖的百分比、每个月的平均降水量等等。但是即便我们知道了所有这些数据，仍很难确定这样的气候是好还是坏，还是根本不值一提。

然而，如果我们用这个枯燥的科学定义来描述气候，就会发现不同所在地的气候看起来变化得很明显。比如说，有人发现最近这30年中，北美东部和欧洲北部的气候变得稍微温暖了一些。斯匹次卑尔根岛是气候变化的一个极端案例，在1913年到1937年间，1月份的平均气温上升了大约5℉。在20世纪的进程中，北半球的气候看起来在变暖，从山顶流下的冰川正在逐渐消融。有证据表明，现在大约覆盖了3%地表面积的极地冰冠以2英尺/年的速度融化（即冰的表面下降得如此快）。冰川融化产生的水被分布到整个海洋当中，海平面每年会上升1英寸左右，等于每世纪要升高10英尺。如果极地冰冠全部融化，海平面会上升200英尺，这样的话，淹没了所有主要的沿海城市。不过，要使冰川全部融化，需要太阳将两年半内产生的所有能量提供给地球，而且由于极地的冰雪只会吸收其中微不足道的一小部分，所以还需要几十万年才会发生。

我们现在直接观测到的所有气候变化都只对应于地球地质历史中眨眼一瞬的时间段，而地质证据表明，数十万以及数百万年前发生的气候变化要显著得多。大约仅仅2.5万年前，从北部高地降下的巨大冰川用厚厚的冰层覆盖住了较南端的低地，而这里现在是适宜人类居住的舒适地区。在美洲地区，这些冰川层覆盖了现在美国国土面积的一半左右，向南延伸至纽约、堪萨斯城和旧金山。在欧洲地区，今天的伦敦、柏林和莫斯科都曾被埋藏在厚厚的冰层之下。冰块顺着山坡向下移动,顺带拨下了巨石带着它们一起滑下山坡,或保持了整块形状,或被磨成细小的砂石。位于纽约城附近处在危险位置的巨石(图65)以及美国和欧洲城市发现的其他不可否认的证据都表明,就在几千年前,曾经将它们带到这里的冰川向南延伸了这么远。

图64. 从山坡上下降冰川的"冰河"
(由美国地质考察组提供)

由于岩石的研磨所形成的沙土和细小石粉(粉土)被冰川带走,并在冰川前端的边缘沉积下来。接下来,当冰线回撤后,这些颗粒状的物质就被风带到了南方,并扩散到大面积平原上。北美洲的沙漠以及撒哈拉的大部分沙土可能就是这样来的。在冰川向南移动的过程中,每当它们穿过质地相对柔软的地表时,冰层还会向下挖出深深的凹槽。北美洲的五大湖以及欧洲北部的许多湖区,都是在冰川移动的作用下。

如果我们往前追溯到更早的地质历史时期,情况就变得完全不同了。研究大约4万年前形成的沉降物,我们发现那时的气候要温暖很多。在北欧形成的沉降物中发现了大量棕榈树和其他植物的化石,而现在,这些植物不会在这么高纬度生长。在美洲,北至俄勒冈和华盛顿之类的城市处发现了木兰花叶化石。橡树、栗树和枫树生长在阿拉斯加州、格陵兰岛和斯匹次卑尔根岛上,而典型的北方植物,例如矮桦树,则在当今没有植物可以存活的纬度生长繁茂。但是,如果我们仍继续往前追溯就会发现情况又再次反转,地质证据表明:大约6万年前,延伸在大陆平原上的冰川比最近的冰川还要向南推进。图66所示是过去600万年间,位于欧洲的冰川连续地推进和回撤。

图65. 曾被冰川搬运下来的一块大石头,现在停放在最后一个冰河时期被冰磨光的岩石地面上(距离纽约城不远!)
(由美国地质考察组提供)

对于较早的地质时期,证据就相当的匮乏,但是我们发现模糊的证据表明,大约在1.5亿年前的阿巴拉契亚造山运动期间,可能发生了冰川作用。过去很久以前,在南美洲、南非、印度和澳大利亚也出现了冰川作用的证据。但是由于相隔的时间太长,这些证据并非完全确凿。

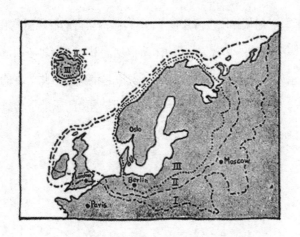

图66. 最后三次冰川时代在欧洲的最大延伸范围

美国著名科学家哈罗德·尤里最近提出了另一种研究古温度（过去的温度）的方法。第五章中我们提到，古代海洋底部沉降的石灰岩是由生存在那个时代的微小海洋生物"骨骼"所形成的。石灰岩的化学式是碳酸钙（$CaCO_3$），它们原本被溶解在海水中。现代核物理学家证明，氧元素（O）是由两类原子组成的，即氧有两种同位素，它们质量不同但是化学性质相似。较轻的同位素（O^{16}）占据总量的99.8%，而较重的同位素（O^{18}）只占0.2%。当海水中通过化学反应形成了碳酸钙，合成碳酸钙分子的两种氧同位素（O^{16}和O^{18}）的相对比例取决于海水温度。原本溶解在海水中的这种碳酸钙分子被微观海洋生物吸收，之后合成了它们的钙质外壳。在这些生物死后，它们的外壳沉降在海底并形成了石灰岩沉降层。因此，尤里说，通过研究O^{16}和O^{18}这两种同位素在不同的石灰岩沉积物中的相对含量，就可以知道这些沉积物形成时的海洋温度。在相对较浅的海底挖洞，我们就能提取不同时期形成的石灰岩样本，通过测量其中氧同位素的比例，就可以基本确定这些时代的温度。图67a所示是对过去的10万年应用这个分析方法所得到的结果。凯撒·埃米里亚尼从洋底沉降层的3个不同样本获得的海洋温度在图中对应着这些沉降物的年代。汉斯·休斯根据前3万年3个岩芯的放射性碳测量显示的沉积速率来确定这些沉积物的年代[1]。由此产生的海洋温度变化与下图的曲线（图67b）恰好吻合，下图中所示的是传统地质学方法获得的欧洲冰川的推进和撤回。

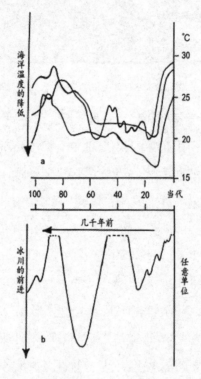

图67.（a）过去的10万年间，海洋温度的变化；
　　（b）过去的10万年间，冰川的前进

1.大气中初始状态的氮原子（N^{14}）在高能宇宙射线的撞击下产生了碳元素的放射性同位素C^{14}，通过光合作用，它被结合成植物组织的一部分（海洋中的藻类）。C^{14}的半衰期是5700年，经过衰变C^{14}变回N^{14}。美国化学家威拉德·利比提出了通过测量古老的有机沉降物中仍然含有的C^{14}含量估计沉降物年代的方法。——作者注

周期性的"寒潮"是什么导致的?

为了理解周期性在地表上发生的冰川作用的成因,我们需要记住所面对的是一个双重周期性问题。首先,广泛的冰川作用只发生在大规模造山运动之后的地球历史时期,此时大陆表面被提升并被高山覆盖。这一周期性变化很明显说明了地表提升是厚厚冰层形成的先决条件,它们覆盖的范围越来越广,从山顶向下覆盖周围平原的广袤地区。

但是与给定的造山运动相对应的每个冰川时代,还存在一个短周期的周期性变化。当山体仍然在地表上耸立时,冰川会在平原上连续地推进和撤回许多次。第二种周期性很显然与地表上结构特性的变化无关,它一定是由于温度的真实改变所引起的。由于地表的热量平衡完全受制于落在其上的太阳辐射量,所以我们接下来要寻找的是影响入射太阳辐射量的可能因素。这些因素可能有:(1)地球大气透明度的变化;(2)太阳活动的周期性变化;(3)地球围绕太阳公转的位置变化。

许多气候学家仍倾向于仅从大气角度解释气候变化,而这个解释基于一种假设,由于这样或那样的原因,大气中二氧化碳的含量随时间发生周期性波动。由于空气中的这种成分对于热辐射吸收有很大作用,所以大气中二氧化碳含量相对少量的降低就可能导致表面温度的大幅度降低,从而在冰川时代会形成大量的冰。不过,我们必须牢记在心,尽管这种解释本身可以自圆其说,但是空气成分中这种周期性波动的原因人们根本不太清楚。而且,根本没办法查证过去大范围的冰川形成实际上与空气中二氧化碳的含量变化相关。

试图通过太阳活动的变异性来解释寒潮假说同样是不确定的。诚然,我们确实观测到了太阳辐射的周期性变化,它是由太阳黑子的数量变化所引起的。每10年或12年太阳黑子的数量会达到极大值。而且在极值的年份,地表平均温度会下降2℉左右,因为我们接收到的辐射量会减少,这同样是事实。但是并没有实验或理论证据表明太阳活动的变化持续了上千年。而在这里,就像二氧化碳假说一样,要检验过去冰川时代与太阳活动极小值时期的吻合似乎相当不可能[1]。

而3个假设中的最后1个假设并没有受到这些质疑,然而,我们将会看到,它不仅可以使我们理解冰川作用周期性发生的原因,并且它在时间上与地质学证据相当一致。

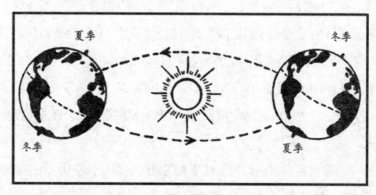

图68. 对于南北半球季节交替所熟悉的解释

读者应该会有印象,地表上发生的季节变化是由于地球的自转轴与它的公转轨道平面之间有一个倾斜角,所以北半球在1年的6个月中会朝向太阳(另外的6个月则是南半球朝向太阳)(图68)。由于白天

1.太阳活动极小值对应着黑子极大值。因为黑子是由于低温使发生处没有周围亮,看起来“黑”产生的,黑子表示该区域活动弱。而耀斑是由于发生处反映更加剧烈产生更高温度产生的,是太阳活动最强烈的标志。——译者注

时间变长，并且垂直地表的入射太阳光线就会更多，所以朝向太阳的这半球会接收到相当多的热量，并处于高温的夏季，而另一半球就会处于寒冷的冬季。

不过，我们需要知道地球的公转轨道并不是一个正圆形，而是一个椭圆形，所以地球运行到轨道上某些位置时会比在其他位置更接近太阳。现在地球会于12月底经过轨道上的近日点（即距离太阳最近的轨道位置），并于6月底到达远日点。所以，北半球的冬天一定会比南半球的冬天稍微温和，而且北半球的夏天也会比南半球的夏天稍微凉爽一些。通过天文学观测我们知道，12月的地日距离比6月的地日距离要短3%左右，所以两半球接收到的热量差应该会达到6%左右，因为随着距离的增加，辐射强度会与距离平方成反比例减弱。通过接收到的辐射量与地表温度之间的关系[1]，我们可以得到，当今北半球夏日的平均温度会比南半球夏日的平均温度低7℉到9℉，而北半球冬日的平均温度会比南半球冬日的平均温度高7℉到9℉。

有人可能会觉得两个半球之间的差距不能解释冰川时期，因为夏天越凉爽，冬天就越暖和，反之亦然。不过，这并不是正确的，因为冰川形成时，在夏天和冬天产生的温度变化相对效应不尽相同。事实上，当温度已经在冰点温度之下（冬天通常就会这样），那么温度继续降低将不会对降雪量造成影响，因为空气中所有的湿度无论如何已经沉降下来了。另一方面，夏天辐射量的增加很大程度上会加速融化，使在冬季形成的冰雪更快地消除。因此，我们可以得出结论，较冷的夏天比更严寒的冬天更有利于冰川形成，因此，这导致现在冰川存在的必要条

1.设L_1和L_2表示接收到的热量，T_1和T_2表示对应的地表温度，以摄氏温度表示，我们可以得到以下的方程：$\dfrac{T_1 + 273°C}{T_2 + 273°C} = \sqrt[4]{\dfrac{L_1}{L_2}}$。——作者注

件出现在了北半球。

　　"但是,"读者可能会问,"如果北半球的气候条件适宜冰川增长的话,为什么今天的欧洲和北美洲没有冰川呢?"这个问题的答案在温差的绝对值上,7℉到9℉的温差似乎刚好在冰川增长所需的最少温差以下。正如我们所看到的,现在位于北半球的冰川线在回撤而不是增长。但是冬季降雪量和夏季融冰量间的平衡是十分微妙的,夏季气温只下降2-3倍,就可能完全扭转这种局面。

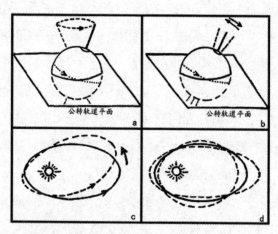

图69. 地球运动中不同的变化量:a.自转轴的进动作用;b.与公转平面倾斜角的变化;c.公转轨道的岁差;d.公转轨道的偏心变化(在图中,其中所有的变化都被过分夸大了。)

　　较大温差可能是过去大范围冰川形成的原因,而要寻找较大温差产生的原因,我们必须将注意力放在地球自转轴方向可能发生的改变上以及地球围绕太阳在轨运动可能发生的改变上。众所周知,地球的自转轴随着它在空间中的位置变化而缓慢地改变,形成了一个圆锥体,其中轴线垂直于轨道平面,从一个普通陀螺上也可以观察到类似的现象（图69）。地球自转轴的这种运动被称为"进动"[1]；这个现象被牛顿解释为：太阳和月球对于地球上赤道隆起带旋转产生引力作用的结果。地球自转轴在空间中的这种运动进行得十分缓慢，大约需要2.6万年才能完成整个周期。很明显，"进动"现象会对前面段落中所描述的情况产生周期性影响，大约每1.3万年，地球的南北半球会交替面向太阳经过近日点。同样清楚的是，这种在两个半球间交替出现气候差的现象，将不会在其中任何一个半球产生一次剧烈的降温。如果现在"我们可以，但实际上并没有，在纽约市进入冰川时代"，那么在下个1.3万年之后，对布宜诺斯艾利斯市我们也可以说出同样的话。

除了普通的"进动"，还有其他行星的作用所引起地球的其他摄动，木星的作用尤为明显，由于它巨大的质量，木星对于太阳系中每颗较小的行星几乎都有影响。对于这些摄动的研究是天体力学这门学科中的主要课题，通过从古到今许许多多数学家的努力达到了最大限度的精确度。

我们从天体力学中知道，地球自转轴向轨道平面（轨道并不受普通进动的影响）的倾斜度遵从一个周期性变化，这个周期大约为4万年（图69b）。夏天和冬天两个季节的存在是由于这种倾斜所产生的（对比图68），所以我们可以推断出：更大的倾斜度会加剧两个半球的温差，从而使夏季更热，冬季更冷。另一方面，地球自转轴的直立就会在两个半球产生更统一的气候。如果自转轴垂直于轨道平面，那么四季之间的差距将会完全消失。

地球的轨道本身也不是完全保持不变的。地球缓慢地围绕太阳

1."进动"这个名字是由西帕克斯在公元前125年提出的，他注意到"二分点"（即天球上赤道和黄道的交点）会缓慢地向着太阳"前进"或"跨步"。——作者注

运行，随着周期的增加，轨道的偏心率就会降低（图69c和图69d）。尽管这两个变化都大致表现出了周期性，但是周期在6万到12万年的范围内变化，要想获得这些变化的确切数据，我们必须借助天体力学的复杂计算。不过幸运的是，天体力学的方法难以置信地如此精准，地球轨道的整个变化过程可以重建到100万年前，而误差却不会超过10%。

绕日轨道的旋转很显然会产生与地球自转轴"进动"相同的效果，总效果应当是两个现象效果简单的叠加。

偏心率的周期性变化对于两个半球的气候条件都起着十分重要的作用。在轨道伸长率大的时期，地球在经过轨道上最远的点与太阳的距离非常远，这时两个半球上接收到的热量都会尤其少。举例来说，通过确切计算，18万年前地球轨道的偏心率比现在的轨道偏心率要大$2\frac{1}{2}$倍，于是当时南北半球的温差大约在16℉到18℉（见注释）。

尽管上述原因中的某一个原因对于温度变化可能并不是很重要，但是我们需要知道，当所有这些因素在某个地球历史时期作用于同一个方向，叠加效果将会相当显著。因此，在轨道偏心率相当大、自转轴倾角相当小，并且地球经过拉长椭圆轨道的最远点时，那么当这个半球正值夏季时，接收到的热量就会尤其少。

另一方面，较小的轨道偏心率加上自转轴相对倾斜的条件下，这个半球的气候条件一定会相当柔和。

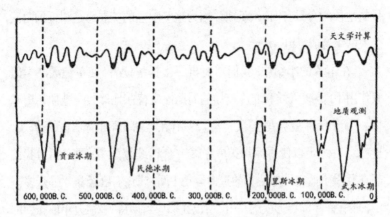

图70. 上图所示的是北纬65°夏天温度的变化(米兰柯维奇得到)。下图给出了从地质数据推测的不同冰川时期。括号中的名字是那些河谷的名字，人们发现和研究了冰川的不同进展在这些河谷中形成的沉降物

　　一位南斯拉夫的地球物理学家M·米兰科维奇,利用天体力学方法获得的地球运动要素数据,建立了只单纯地考虑以上天文学因素作用下南北半球气候变化的一个图表。其中一条北半球的曲线,表示在过去的65万个夏季中,北纬65°地区所接收到的太阳能,如图70中所示。这条曲线说明上文提到的所有3个原因的不定向作用一定在公元前2.5万年、公元前7万年、公元前11.5万年、公元前1.9万年、公元前23万年、公元前42.5万年、公元前47.5万年、公元前55万年以及公元前59万年发生过。将这条理论曲线与地理学家获得的表示冰川过去最大扩展的经验曲线(由冰川沉积物所确定)相比较,我们会发现二者符合的程度比预想的还要高,这说明地球轨道以及自转轴的变化对于冰川形成的周期有着重大影响。对于南半球,我们也可以获得相似的结果。只是对于那一半球来说,理论和观测结果没有那么精确,因为我们对这里冰川扩展的信息相对比较匮乏。

　　可以很明显的看出,曾经发生了许多个独立的冰川扩展。冰川时

代的地质划分只有四五个时期，因为这些独立的扩展总是相近的两三个关联结合成一组。

在本章的小结中，我们需要再一次提醒读者，在单纯天文学因素作用下，温暖气候和寒冷气候的周期性交替在地球整个地质历史时期，不到10万年就会发生1次。不过，只有在地球变革山体丰富的阶段，这些条件才足以使得冰川扩展在每一个连续寒潮中形成。因为我们现在几乎生活在地球变革的造山运动中间时期，有已经矗立的众多高山，还有许多即将形成的高山，所以我们应当期待大约1万年前撤回的冰川线会再一次回归。只要北纬还存在山体冰川，这种周期性的扩展和撤回还会持续发生。在几百万年之后，只在当"我们的"变革时代中形成的所有地表抬升最终都被雨水洗刷殆尽，这时冰川才会从地球表面完全消失，地球的气候也会变得更加温和均匀。地球公转轨道的变化以及地球自转轴的倾斜将只会引起地球不同位置年平均温度的相对细微的变化。接下来，一两亿年之后，新的变革和新的周期性冰川作用将会接踵而至。

第七章　我们头顶的空间

平流层

正如我们在之前章节中讲到,底层大气(对流层)延伸6英里左右高度,占据了所有空气约 4/5的大气与地球表面进行连续交换。通过从海洋表面和潮湿地面升起的对流气流,对流层接收到了热量和湿气,作为反馈,它通过在其中产生的风、云、雨、雪影响着地球上的生命。

对流层的上限之上就是所谓的"平流层"的起始之处:平流层是由干燥透明的空气所组成的大气,它延伸至地表上大约50英里的高度。尽管平流层对于飞机飞行员和他们的乘客来说是十分吸引人的,因为能为他们提供平稳而舒适的旅行,但是对于科学家来说则没有太大意义,因为平流层中不会发生什么特别的事情。它的位置太高了以至于不会受到地表的影响,但是没有高到可以受到太阳短波辐射的影响,这种短波会在更高的海拔地区而被吸收。

只有陨石会穿透进入这些平静的空气层,通常它们是质量小于一盎司的细小颗粒。以20英里/秒或是更高的速度运行在平流层中,它们被空气阻力所加热,燃烧并融化,在天空中留下了一道长长发亮的轨迹。燃烧产生的固体产物以薄灰尘的形式在平流层中飘浮几个月,十分缓慢地沉降到下层的空气中。到达了对流层之后,它们加入从地面而来的灰尘颗粒中去,这会有助于雨滴的凝结。事实上,人们已经注意到,随之而来的猛烈流星雨过后,经过几个月的延迟,会伴随着全地范围内降水量的显著增加。

1883年,当喀拉喀特火山以空前的规模爆发时,细火山灰形成的云雾被推至平流层高度，它们在落回地面之前，在平流层里停留了许多年。它们飘浮在很高的高空又被阳光照亮，太阳落山之后很长时间还能看到它们，薄而发出银色亮光的云就像普通的卷云一样。这些粒子分散到了整个平流层中，反射了大约5%到10%的入射辐射，使地球的平均温度在之后的几年里都比原来低了大约10℉。今天的平流层中有新成员加入——它们是原子弹和氢弹测试中产生的裂变产物的粒子。这些粒子也在那里飘浮了很多年，十分缓慢地向下降落。

电离层

在海拔50英里以上，我们进入了空气极度稀薄的区域，这里的空气密度比地表附近的空气稀薄成千上万倍。这个区域仅包含大气空气总量的1%的一小部分，但是作为地球大气和外界空间的交界却有着极其重要的作用。就像任何边界一样，它能抵御来自外界的恶意入侵。这是阻挡太阳中紫外线的空气层，防止紫外线对地表蓬勃生长的生命造成致命伤害。但是就像它为我们抵御入射的紫外线辐射时，电离层中的空气分子本身也在承受着紫外线造成的巨大伤害。现在所有人都知道，原子是由原子核以及绕核运动的一群电子组成的。可见光仅会对原子中电子的运动造成影响，原子的基本结构在可见光下仍会保持完整，但是紫外线会使一些电子脱离，会以很高的速度被弹射到太空中。由于电子带一个负电荷，所以原子失去一个电子或者更多电子就会带正电。当空气中含有带正电和带负电的离子，而不是电中性的粒子时，我们称空气是被"电离"的。因为这些海拔高度下的空气是极其稀薄的，其中的离子间发生撞击就不太可能，脱离原子的电子需要飞行很久才会遇到一些带正电的离子, 并被它们捕获, 从而再次形成电中性的粒子。因为在电离气体中, 带正电的粒子和带负电的粒子都能独立自由地移动, 所以电离气体是电的良导体, 动不动就会有强电流穿梭在其中。

我们知道, 良导体具有反射或者吸收电磁波的性质。因此, 举例来说, 可见光, 也就是短电磁波, 它可以毫不费力地穿透玻璃(电的绝缘体), 但是一部分遇到金属表面(导体)则会被反射出去, 另一部分则会被吸收。类似的, 装有天线的无线电接收器可以在木屋或者石头房里正常工作, 却在汽车中接收不到信号, 因为汽车大部分是被金属外壳包裹的。

因此, 地球周围电离层的作用就像广播电台发射无线电波的反射器和部分吸收器一样。如果电离层没有这种功能, 那么地球上的远距离无线电交流就绝对无法实现了, 因为发射台发射的无线电波不会沿着地面的水平方向到达远距离接收站, 它只能笔直地进入宇宙空间。事实上, 1901年, 当马可尼在欧洲和美国之间建立起无线通信时, 全球都十分震惊。不过, 无线电通信发生时, 它们总是被封锁在地表和电离层这两个导电层当中。经过一系列连续的反射, 沿着地球弯曲的表面向更远更广阔的地方传播。

接下来, 可以花点篇幅来谈谈电离层中普遍存在的温度。正如我们之前提到的, 对流层温度在海拔6英里的高度, 稳定下降至-100℉左右, 经过整个平流层至海拔50英里的高度, 温度都保持在这个值附近。但是如果高度再升高, 气温也开始升高了。在80英里的高度, 气温达到了通常室温的水平; 在100英里的高度, 气温达到了沸水的温度; 在150英里的高度, 已经是熔融的铅的温度。高海拔处温度极速上升的原因就是来自太阳的紫外线辐射。

在紫外线的作用下，当电子从空气分子中脱离时，电子和产生的带正电离子都获得了很高的速度。根据热运动论，这意味着温度很高。但是，在这样的海拔高度下，如果觉得人将会被烤熟，这么想也不对。因为尽管电离层中空气分子具有的速度与它们在地表附近这些高温下所具有的速度相同，但是由于电离层空气密度极低，使得其间导热的能力几乎可以被忽略。生活在地面上一间温暖或者凉爽的房间中，我们每平方英寸的皮肤每秒钟都会受到大约10^{27}个（1后面有27个0！）电子的撞击，庞大数量的撞击使我们的身体很快就暖和起来。而在150英里的海拔高度，撞击的数量减少了几十亿倍，热传导的流入速度相应就减慢了。因此，尽管那个海拔高度的大气气温等于铅融化的温度，但是一个人在那里其实是会被冻死的，只因为他的身体通过热辐射损失的热量比空气传导提供给的热量要多得多。

从太阳而来的粒子

"就连太阳都有斑点。"一首诗这样写道，隐含的意思是：除了这些斑点，太阳表面是平静而光滑的。然而再没有什么比这更远离真相了。借助于大型望远镜以及进入高层大气的火箭中飘浮的照相机所拍摄的照片，显示太阳表面就像一座活火山火山坑中沸腾的岩浆，它以激烈而狂暴的方式产生漩涡并喷射出来。太阳内部迸发的炙热气流产生了局部亮度的迅速波动，气流又沉入表面下使得太阳看起来就像光和影组成的精细网络，这样的表面被称为"颗粒化"。不时还有炙热气体的火舌冲出表面，火舌极其巨大而且明亮，可达到太阳表面数千英里的高度，这就是我们所知道的"耀斑"。在日食期间，当太阳明亮的表面被月球完全掩盖时，我们就看到这些耀斑的轮廓就像探入太空的巨大火舌。在古代，只有在日食期间，人们才有机会看到这种耀眼的喷射，于是天文学家为了研究它们就会跑到地球上遥远的角落。现今，得益于"日冕仪"，在任意时间（当然，在白天），从任意观测点都能观测到耀斑，通过开创性的光学设计，在日冕仪中太阳明亮的光斑被人为地遮住了。

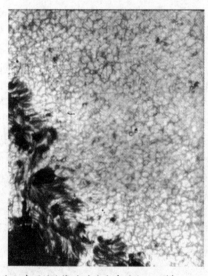

图71. 颗粒状的太阳表面（就像地球大气中的积云一样，只不过更热一些），由发射到平流层的火箭拍摄（普林斯顿大学的平流层计划，由海军研究办公室和美国国家科学基金会赞助以及从NASA得到额外的支持。）

从太阳表面炙热气体的大量喷射通常伴随着太阳黑子，这些暗区看起来就像炙热气体的巨大气旋，与地球大气中的旋风和飓风形状很相似。正如上一章中讲到的大气气旋，太阳黑子只出现在太阳赤道两侧的中纬度区域，这一事实使黑子与旋风的相似度又加强了。关于太阳黑子的谜团之一就是：它们的数量呈现了完美的周期性，变化周期大约为$11\frac{1}{2}$年。图72所示的是两个多世纪以来，所观测到的太阳黑子数量记录，最大值出现在1958年，现在太阳黑子的数量处于减少阶段。黑子数量周期性地增加和减少一定与可见太阳表面之下发生的事情有某种联系，但是现在仍没有人知晓。太阳黑子伴随的耀斑和日珥[1]的数量和密度也呈现出相似的周期性。

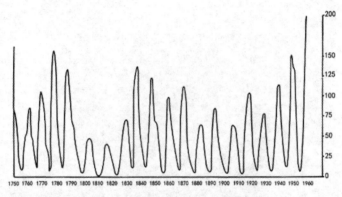

图72. 上两个世纪期间太阳黑子数量的周期性变化，根据苏黎世天文台的记录绘制

大约50年前，美国天文学家乔治·E·海耳提出了关于太阳黑子的一项重大发现。通过分析从太阳黑子放射的光，他发现了这些区域中存在强磁场的证据。光谱仪用大量黑色细线穿插到太阳光谱中，将阳光分割成一条长长的彩虹绶带。这些根据发现者的名字被命名为"夫琅和费谱线"的条纹，是由于太阳大气中化学元素对不同波长的吸收能力产生的，对它们的研究为我们提供了关于太阳以及其他恒星化学组成的无价信息。1896年，荷兰物理学家皮耶特·塞曼指出，如果地球

1.太阳耀斑是发生在太阳大气局部区域的一种最剧烈的爆发现象，在短时间内释放大量能量，引起局部区域瞬时加热，向外发射各种电磁辐射，并伴随粒子辐射突然增强；日珥是在日全食时，太阳周围镶嵌的红色环圈上面跳动的鲜红的火舌。——译者注

上的光源，比如气体火焰，被放置在两个磁极之间，那么每条光线会被分解成数条紧密排列的光线，而它们之间的间距与磁场强度成正比。因此，通过观测远距离光源放射出光谱的塞曼效应，我们或许可以检测并测量光源处存在的磁场强度。海耳发现太阳黑子放射出光谱的"夫琅和费线"显示出十分强烈的塞曼分离效应，证明这个磁场要比地球磁场强出几千倍。

这些磁场的存在伴随着一个事实：由于温度极高，太阳大气中的原子被分离成带正电和带负电的离子，使得太阳黑子中气体物质的运动就像一场疯狂的其舞曲[1]。我们知道，带电粒子通过磁场时会因为受到磁场力的作用而被迫发生偏转，另一方面，磁场线也会由于气体中的电流以及气团本身的运动而发生弯曲和扭转。因此，形成一个太阳黑子气旋中的炙热气体里，存在着电磁场以及气动力之间的连续相互作用，使得整个现象变得极其复杂。从日珥的照片中可以看到炙热气流的形状，这强有力地说明了沿着磁场线上发生的运动是由形成气旋的旋转气流产生的。但是仍然很难确定是什么对什么产生影响以及产生这种影响的方式是什么。

有一件事是确定的：将太阳黑子和耀斑与它们联系起来的是在星际空间中可以检测到剧烈的电磁活动。而且确实，"雷达"的最早科学成就之一就是发现了所谓的"太阳噪声"，即从太阳表面放射出的短无线电波，这是二战期间发明的专门用于军事目的装置。太阳传播到周围空间的无线电波强度与其表面活动密切相关，每一个新的明亮耀斑的产生都会使无线电波望远镜接收到的"太阳噪声"瞬间增加。更准确一些，我们不应该说"瞬间"，而是"8分钟之后"，因为所有电磁波（包

1.又称塔朗泰拉舞，一种快速旋转的舞曲。——译者注

括光线）从太阳传播到地球都需要这段时间。

不过，这只是事实的一部分。形成太阳表面的大部分物质是氢，而原子又可以被分解成质子和电子。在迅速变化的磁场作用下，这些粒子就像我们核试验室中各种粒子加速器（"原子粉碎机"）所使用的同样方法被加速。只是粒子加速器是被精心设计的，加速粒子的运动是以很高的精度而被提前计算出来的，而太阳粒子加速器的功能仍是一个未解决的问题。然而，事实是：强劲的质子流和电子流以很高速度从太阳表面冲向太空中去。最大的太阳黑子活动期间，这些粒子带入地球的能量是太阳光总能量的10%。从太阳到地球的质子数量极其庞大：每平方厘米每秒大约有10亿个质子。在地质历史时期期间，如果从太阳到地球的所有质子都与地球上的原始氧气结合，那么，产生的水足以使海平面上升50英尺左右。

当一束极其激烈的耀斑爆发，喷射到比太阳表面高很多的位置时，强有力的高能质子流和高能电子流开始朝地球方向发射出去。它们之中最快的粒子流几个小时之内就能到达，较慢的粒子流则要花上一两天行程。受到太阳黑子中的强磁场影响，这些入射带电粒子群会再次受到地球磁场的影响。地球的磁力线从磁场南极开始分叉，以弧形环绕地球球体，又在加拿大北部布西亚半岛的地理北极处交汇。正如我们所说，穿过磁场的带电粒子被迫沿磁力线螺旋形运动，因此大致是沿磁力线方向。

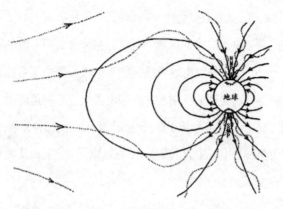

图73. 从太阳而来的带电粒子在地磁场中的运动。实线：地磁场；点线：粒子的轨迹

我们来看看环绕着地球的磁场图（图73），从太阳飞向地球的粒子束原本是沿平行轨道的，到达地球附近受到从北极到南极的地球磁场作用而发生偏转，最终进入两极地区的大气层内。最快到达的这部分中有大量粒子穿透到电离层底部，大大增加了通常由太阳紫外线维持的电离层的电离程度。这些区域空气的导电性变得更强，它开始吸收无线电波，而不是把它们反射出去。这导致了所谓的"无线电中断"：由广播电台发射的电磁波一接触电离层时几乎就被完全吸收，不会再有电磁波反射回地面。地球表面远距离无线电通信受到几个小时乃至几天的强烈干扰，直到电离层又回到了它通常的状态才会恢复正常通信。

由于电离层中电力条件变化，其中开始流动着强大的电流，于是产生的电磁场与地球熔融的内部电流引起的常规磁场相叠加。指南针就失去了控制，每分钟都指向不同方向，这就是"电磁风暴"。

从太阳而来的带电粒子群同样是一场视觉盛宴的成因，这个美丽的现象被称为"北极光"或是"极光"。就像电子在一个普通的荧光灯或是广告标识的霓虹灯灯管中穿行, 使得灯管中稀有气体的原子放射出特有的光芒, 电离层中的稀薄空气也会在来自太阳的带电粒子束穿梭于其中时发光。于是发出绿光或是红光的长长幕帘就悬挂在我们头顶的天空上。它们会随着入射粒子束和电离层空气的运动而发生移动或者摇摆。对于极光的光谱分析, 显示出其中存在着3种元素: 氮、氧和氢。其中前两种是空气中的主要成分, 而氢原子一定是由从太阳到达地球的质子所形成的。

谈到太阳黑子的话题, 我们提到了一个有趣却还未被解释清楚的现象, 就是它们的数量以平均$11\frac{1}{2}$年为周期发生周期地增加与减少。这个周期性在所有由太阳活动引起的地球现象中同样被全部反映出来。电磁风暴、无线电中断以及极光出现的频率均跟随太阳黑子数变化的步伐。太阳黑子的数量与哈德逊湾公司记录的自公司创立以来从捕猎者购买的银狐皮数量之间有着完美的相关性: 太阳黑子数量越多, 交易量就越大。这个惊人的关系也许可以通过这个原因解释: 较长的北极之夜中明亮的极光可以帮助捕猎者捕获银狐。人们还花费精力建立了更多类似于这样的神秘联系, 比如太阳黑子的周期性和春天椋鸟的到来、证券市场的波动以及社会革命等不同现象之间的联系。

磁气圈 (新概念)

在几千英里高度, 也就是人造卫星运行高度, 这里根本没有空气, 在这些海拔高度飞行的人造小月球实际上就是在真空中巡航。但是这并不意味着地球造成的影响到这些距离就停止了。事实上, 最近这些年发现, 地球通过地磁场掌管着周围的真空, 延伸至通常意义上地球大气边界以外很远的地方。关于这些海拔高度的信息是通过地表上万英里处的空间探测火箭所携带的粒子计数器获得的。其中大部分数据是由爱荷华大学的詹姆斯·范·艾伦教授所带领的美国科学家小组收集的。

先驱者III号（1958年12月6日）带回了最轰动的结果，计划中它应当到达月球，但是在空间中飞行了超过6.5万英里（地球半径的16倍）之后未完成任务就返回地球了。这颗火箭所携带的粒子计数器获得的数据被传送回地球，为人类提供了火箭往返过程中穿越两个极其强烈的高能辐射区所获得的意想不到的信息。第一个最大辐射强度区出现在地表上空高达2 000英里的位置（地球半径的1/2）；第二个区域的强度要大得多，出现在大约1万英里的高度处（地球半径的 $2\frac{1}{2}$ ）。这些区域存在的辐射强度可能高达100伦琴/小时，其中"伦琴"是测量高能辐射量的标准化单位。据估计，人体的致命辐射剂量为800伦琴左右，而很小的一部分就能造成生殖系统不可修复的损伤，使暴露在辐射下人的孩子以及他孩子的孩子都会遭受许多有害突变。地球周围这些高辐射强度区域的存在为准备从地球飞到月球以及对太阳系中其他行星进行考察的未来宇航员造成了严重的实际困难。

但仅从单纯的科学角度来看，范·艾伦的辐射带为人们理解地球和太阳之间的电磁关系提供了很大帮助。正如我们之前所讨论到的，从太阳黑子中产生并到达地球的高能质子和电子受到地磁场影响偏转至两极区域，并且大部分从南极地区和北极地区进入大气中去。现在看起来，除了入射的带电粒子束发生偏转以外，地球磁场还提供了一个将它们暂时捕获在大气层最外侧界限以外更高地区的机制。相当复杂的数学计算显示，粒子的螺旋型轨道会在磁力线汇聚点发生倒转，

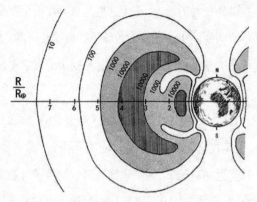

图74. 范艾伦辐射带。图中的距离标度以地球半径R为一个单位长度。而图中的辐射强度的绘制取了一个任意单位（1962年下半年的研究对这些发现稍微进行了一些修改。）

使得粒子将会在这两个汇聚点之间不断地往返。与此同时，这条轨道中的质子会缓慢地绕着地球向西飘移，而电子会缓慢地向东漂移，因此形成环绕着地球的环形辐射带。这些辐射带的暂定图样由图74所示（我们不知道为什么会有两条）。可以注意到最强烈的外侧辐射带，北极和南极呈现出"犄角"形状，这两个区域离地表相对最近，而且正好在通常可以观测到极光现象区域的上方。范·艾伦带所捕获的部分粒子很可能从这些犄角的地方漏出并穿透进电离层，从而产生了极光现象。

尽管我们地球空间环境的景象变得越发清晰，这是由于近几年的最新发现，但是要将它完全理解透彻，人类还有大量的工作要做。

第八章　生命的本质和起源

关于生命的基本事实

我们人类本身、猫、金丝雀、犀牛、蔷薇丛和棕榈树，这样的生命体都是数十亿个基本单元，也就是数十亿个活体细胞，这些是高度有组织地结合在一起的整体。而且就像人类团体中，我们会遇到不同职业的个体，比如农民、音乐家、警察、木匠、科学家、水管工人、护士等等，而组成有生命的有机体细胞也具有不同的特殊功能。动植物细胞的多种类型中，包括肠道内壁的消化细胞、提供运动的肌细胞、内部通信系统的神经细胞、从土壤中吸收水和无机盐的根细胞、吸收空气中二氧化碳的绿叶细胞，当然还有最重要的，就是确保物种延续下去的生殖细胞。

地球上也存在着没有专门分化更基本的细胞群体，比如珊瑚虫和海绵。最后，更低等的还有隐士细胞，它们喜欢独立生活，比如变形虫、绿藻以及各种类型的细菌。

但是，无论一个给定细胞属于一个高度组织化的团体还是独立生存的个体，它总是具有相同的基本特征。细胞中总有一小团胶状物质，这被称为"细胞质"，其中包裹着一团更小的物质，被称为"细胞核"。

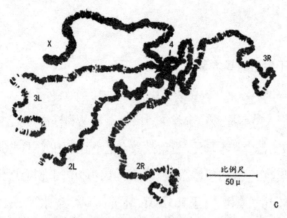

图75. 果蝇雌性幼虫染色的显微镜照片。X, X染色体, 紧密地配对; 2L和 2R, 是第2对染色体的左右分支; 3L和3R, 是第3对染色体; 4, 第4对染色体 (《果蝇指南》, 作者M·得莫利克、B·P·考夫曼, 华盛顿, 华盛顿卡内基基 金会, 1945年。经得莫利克先生的许可使用此图。)

　　如果我们将一个细胞与一家生产有机体维持生命以及成长所需 的各种化学物质的工厂进行类比, 那么细胞核就应该类比于总经理办 公室, 因为它会发布关于应该生产什么以及如何生产的指令。细胞核 中包含的细长线状物被称为 "染色体", 它充当的角色是总经理办公室 中的档案柜, 它们包含了所有生产计划和蓝图 (图75)。当一个细胞准 备好分裂时, 其中的每一条染色体都会纵向分裂成两个完全一样的线 条。其中一条染色体被拉到细胞一端, 而和它完全相同的另一条染色 体被拉到了细胞另一端。两部分中间会生成一个细胞壁, 于是母细胞 被完整的分成了两个子细胞, 它们的细胞核都携带着与母细胞完全一 致的信息, 决定着这两个细胞一生的使命。

　　细胞中最主体的部分, 也就是细胞质。即与我们的化工厂进行类 比, 它相当于根据从总经理办公室接收到的指令进行生产工作的机器 和工人。细胞质中所含的复杂化学物质被称作 "酶", 它们在执行着有

194

机体生长和生存所必需的许多不同任务。其中消化酶将食物分解成更简单的单元，用于制造生物有机体所需的新物质。有一些酶的任务是从食物中提取能量并储存，直到它被有机体的运动或者做其他多种多样的活动所需要时才会再释放。另外还有酶从分解的食物碎片合成生物体必须的物质，比如说喂后代所需的牛奶，色觉所需的紫色色素，或是头发或肤色所需的深色色素。任何活的有机体中都具有上千种不同的酶，控制着生命活动与生长。

近几十年，科学家越来越接近从"分子层面"来理解生命，即基于形成有机生命体的多种复杂化学分子结构的详细知识来解释各种生物学现象。无机物分子通常都十分简单。因此，一个水分子是由两个氢原子和一个氧原子组成；一个食盐分子是由一个钠原子和一个氯原子组成；一个石英分子由一个硅原子和两个氧原子组成。而有机生命体结构中充当基本角色的分子就会复杂得多，它含有上百万个单个原子。不过，它们可以被看作一些简单单元以特定顺序组成的长序列，使每一个特定分子都具有不同的特性，这个事实使对于这些复杂分子的研究变得相对简单。结果发现，一共有两种完全不同的有机大分子：（1）蛋白质（除了骨骼、脂肪等等以外）是所有活的有机体的主要组成部分；（2）核酸（一个人的体内大致含有一茶匙的量）形成了染色体，它负责传递有机体的遗传特性。

蛋白质

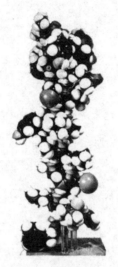

图76. 蛋白质的分子模型（由哥伦比亚大学芭芭拉·罗博士提供）

我们从蛋白质开始谈起，从21世纪开始，蛋白质成了生物化学集中研究的课题。如果通过比光学显微镜放大更多倍的电子显微镜观察一个蛋白质分子，我们可以看到没有明显内部结构的细长线状物。不过化学研究显示，这些细线是由大量相对简单的分子组成的序列，这些分子被称为"氨基酸"。在化学分子的基础上，我们可以建立起蛋白质分子的确切模型（图76）。有20种不同的氨基酸参与到各种蛋白质分子结构的构建当中，而"氨基酸"的排列顺序决定了这种蛋白质应该具有的功能。这个情形很像一本包括大量不同菜谱的工具书：如何做煎蛋卷、樱桃饼、蛤蜊浓汤、肉饼等等。每篇菜谱中包含的字母比例大致相同,唯一的区别就是这些字母排列成单词和句子的顺序。当生物化学家决定这些氨基酸如何排列形成不同的蛋白质分子时,他们认识到顺序的一点点小变化就会导致这种蛋白质完全不同的活动。因此,举例来说,所有的哺乳动物都有腺体,这些腺体可以向血液中分泌两种激素:"催产素"和"加压素"。这两种激素都是由9个"氨基酸"序列组成的蛋白质分子,两个序列唯一的区别就是蛋白质链中的第3节和第8节(图78)。但是,尽管差别是很微小的,这两种蛋白质分子在产生它们的有机体当中发挥着完全不同的功效。"催产素",分泌到准妈妈的血液循环中,它刺激着乳腺分泌乳汁,并引起子宫收缩从而帮助孩子从母体中降生。而另一方面,"加压素"导致血管的收缩,最终会导致血压的升高。因此,将自然界的"食谱"中9个字母"单词"中只改变两个字母,就会产生不同的惊人结果!

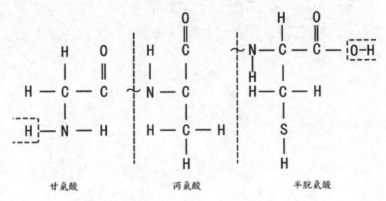

图77. 三个氨基酸(甘氨酸、丙氨酸和半胱氨酸)在一个蛋白质分子长链中排成一个序列

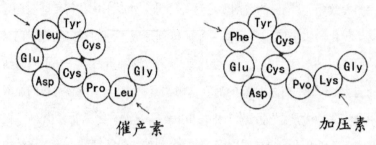

催产素   加压素

图78. 两个简单蛋白质的结构式,文森特·杜·维格诺德得到。它
们之间只有两个氨基酸(箭头指出)是不同的

    胰岛素是一种更复杂的蛋白质分子(它由51个氨基酸单元组成,
以某种复杂的环状结构排列(图79))。胰岛素具有从有机生物体消耗
的糖中提取能量的重要功能,并且能将能量存储直到需要的时候。要
执行这项功能,胰岛素分子一定要建造成如图79所示完全一样的结
构。由于生产胰岛素的腺体中的某个错误,如果氨基酸的顺序不同于
原本的顺序排列,那么这些有缺陷的胰岛素分子将不能成功地完成它
们的工作,这方面比较倒霉的生物体(人或动物)就成了糖尿病患者。

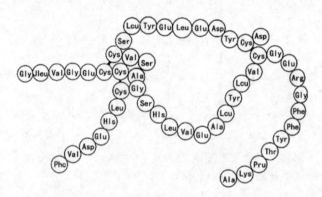

图79. 胰岛素的结构式,弗雷德里克·桑格得到。它由两条相对的序列构
成,一条含有21个氨基酸,另一条含有30个氨基酸。胱氨酸对之间的黑
色短线表示的是硫键,硫键赋予蛋白质分子奇怪的形状。"催产素"和
"加压素"中有相似的硫键结构

198

我们给出的几个例子就是想说明一个事实: 活的有机体中所有重要的功能都是由组成它的蛋白质分子的微观化学结构所控制的。而且, 就像菜谱中的印刷错误可能会导致做出一道难以下咽的菜一样, 蛋白质结构的错误会导致有机生命体的疾病或死亡。

核 酸

正如我们所提到的, 核酸分子组成了活的有机体当中十分微小的一部分, 在一个人当中只有大约一茶匙的量。但是, 尽管它们是极少的一部分, 但是这些分子在生命中却扮演着极其重要的角色。它们负责携带并传递有机生物体所有的遗传信息。一个婴儿会长成一个大人, 一只小狗会长成一只大狗, 一颗苹果种子会长成一颗苹果树, 这些都是事实。而它们之间的区别是因为这些不同物种的细胞核中核酸分子是不同的。与蛋白质分子的情况类似, 核酸分子在电子显微镜下是比蛋白质分子厚一些的长条线状物(图80), 不过它们的结构却是相当不同的。与蛋白质分子由20个不同的单元排列组成不同的是, 组成核酸分子的只有4个不同的单元, 这些单元被称为 "核苷酸"。在细胞核中发现的核酸名叫 "脱氧核糖核酸(DNA)", 排列成双螺旋结构的4种核苷酸分别为腺嘌呤、鸟嘌呤、胞嘧啶和胸腺嘧啶。其中前3种同样是构成单链的 "核糖核酸分子(RNA)" 的核苷酸, 核糖核酸在细胞核外的细胞质中存在, 在RNA中第4种核苷酸—胸腺嘧啶被尿嘧啶取代。

图80. DNA分子的显微镜照片
（由加利福尼亚大学的罗伯利·威廉姆斯博士提供）

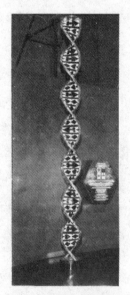

图81. DNA分子模型，其中的纸牌符号对代表着4
种核苷酸

为了简化讨论,我们用纸牌中的4个图形:红桃、方片、黑桃和梅花分别代替4种核苷酸。在第一组序列中,可以选定任意一种排列作为核苷酸序列,比如♦ ♥ ♠ ♥ ♣ ♦ ♥ ♠等等。它们一个接一个的排列顺序决定着这个有机体是一个人,一条狗还是一颗苹果树。第二条核苷酸序列在第一条的旁边,它完全由第一条序列确定。事实上,红桃总是对应着梅花,而黑桃总是对应着方片。所以在我们这个例子中,两条序列看上去应该是这种排列方式:

♦ ♥ ♠ ♥ ♣ ♦等等。

♠ ♣ ♦ ♣ ♥ ♠等等。

4种核苷酸中每一种都是由碳、氮、氧、氢以及磷原子组成的相对简单的化学分子。并且在最近这些年,生化学家已经能够找出这5种原子是如何结合在一起的。图82所示的是双螺旋结构核酸分子结构序列的一部分。它看起来虽然很复杂,但是实际上这个分子很简单,它是各种核苷酸对的单一重复形成的,前文中我们已经用纸牌将配对符号化了。而且就像我们已经提及的,各种核苷酸对一个接一个的排列顺序完全决定了它们所在的有机体的所有性质。

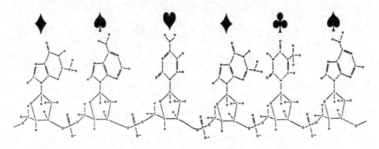

图82. DNA链的一部分,示意了4种核苷酸形成了糖分子的主链。含有腺嘌呤的核苷酸用黑桃表示,胞嘧啶用红桃表示,鸟嘌呤用方片表示,胸腺嘧啶用梅花表示

DNA分子的双螺旋结构是细胞分裂过程以及物种延续所绝对必需的特征结构。在一个细胞分裂成两个细胞之前,每个细胞核中的双螺旋DNA分子都会纵向分裂成两个单链。接下来分裂过后,两条单链会通过捕获此时核液中大量的游离核苷酸进行重建。由于红桃只会捕捉梅花,而黑桃只会对应方片[1],等等,所以两条重建的双螺旋分子和初始的那条双链完全相同。在DNA复制完成后,这一对子分子带着原始的遗传信息,分别到达了细胞的两端。

蛋白质合成

正如前文中提到的,核酸分子携带关于这个有机体性状的完整指令所形成的着一套代码,而蛋白质分子会接收这些指令,并在合成生命所需各种物质的过程中利用这些指令。那么这是如何完成的呢?尽管我们仍不清楚这个复杂过程中的所有细节,但是我们可以找到核酸分子中核苷酸序列与蛋白质分子中氨基酸序列之间某种基本的数学关系。再一次利用纸牌图形,让我们想象一个简化的纸牌游戏,规则是游戏当中只有尖A,并且每个玩家手上只有3张牌。那么在那种情况下,一个人拿到牌的情况有多少种呢? 首先,他可以有3张一样的牌: 3张红桃,3张方片等等,这就有4种可能性。第二,他可能有两张一样的牌,另一张牌是不一样的,比如两张方片一张黑桃。由于一对相同的牌可能为4种,而第3张牌只能选剩下的3种,所以一共有4×3=12种可能的方式。最后,他可能有3张都不同的牌,由于种类取决于少的那张牌,这种情

1.原文为红桃只会捕捉方片,而黑桃只会对应梅花。根据前面的对应关系,这里应该是红桃只会捕捉梅花,而黑桃只会对应方片。——译者注

况也对应4种可能。因此，不同组合的总个数为4+12+4=20个，即恰好是参与蛋白质分子结构不同氨基酸的个数。

在这个类比基础上，可以得到一个合理的推论，就是蛋白质分子中每个氨基酸都是由核酸分子中三联体组的核苷酸所确定的。由于蛋白质在包含RNA的细胞质中合成，所以不同氨基酸分子应当与三联体组的RNA核苷酸之间有明确关联，它们按照形成RNA分子的核苷酸序列所确定的RNA分子序列与RNA分子并列排列。因此，通过这种严格的确定过程，在某一特定有机体的细胞中合成的蛋白质完全按照细胞质里RNA分子携带的指令形成，而细胞质中的RNA分子结构又是完全按照细胞核中DNA携带的指令建立的结构。

这个在活体细胞中发生的基本过程的方案，使得这个领域中工作的科学家们得出一个不可动摇的结论：所有生命的表征都可以被简化为构建所有有机生命体的复杂核酸分子以及蛋白质分子之间的化学反应，至少从原则上来说是这样。

蛋白质序列解码的最后一步于1961年完成，由国家关节炎和代谢疾病研究所的马歇尔·M·尼伦伯格和J·亨利克·马太以及纽约大学医学院的塞韦罗·奥乔亚和他的同事们这些人分别独立完成。人们发现，如果我们用一个相同核苷酸组成的序列合成核酸，那么只有一种特定的氨基酸被应用在蛋白质结构合成上。因此，举例来说，专门由尿嘧啶合成的核酸分子：

UUUUUUUU……

产生的蛋白质只由苯丙胺酸合成：

Phe Phe Phe Phe……

按照这个规则进行，生物化学家就可以建立起不同氨基酸和核苷酸三联体之间的关系，而核苷酸三联体是将氨基酸和核苷酸结合到蛋白质分子中所必需的。他们的结果如下表所示，其中A代表腺嘌呤，G代表鸟嘌呤，C代表胞嘧啶，U代表尿嘧啶：

氨基酸	核苷酸三联体序列	氨基酸	核苷酸三联体序列
苯丙氨酸	UUU	异亮氨酸	UUA
丙氨酸	UCG	亮氨酸	UUC, UUG, UUA
精氨酸	UCG	赖氨酸	UAA
天冬氨酸	UAG	甲硫氨酸	UAG
天冬酰胺	UAA, UAC	脯氨酸	UCC
半胱氨酸	UUG	丝氨酸	UUC
谷氨酸	UAG	苏氨酸	UAC, UCC
谷氨酰胺（预测）	UCG	色氨酸	UGG
甘氨酸	UGG	酪氨酸	UUA
组氨酸	UAC	缬氨酸	UUG

因此，将近花费10年努力，终于破解了从细胞核中的核酸把遗传信息传递到细胞质中酶的神秘RNA序列！

最简单的生物

如果一个人试图向不熟悉无线电的人解释它的原理时，那么将他带到拥有成千上万复杂电子配件的一个现代广播电台参观将是一个糟糕的计划。一个较好的方式是向这个人展示基于相同原理但是简单得多的一台DIY无线电设备。同样的道理，为了理解"生命的谜团"，如果从人类这种复杂的有机生命体或是任何一种较高等的动植物入手都将会是不太明智的。而通过研究最简单的生命体便可以更清晰地理解生命的基本过程,而这些生命体进行着基本相同的生命过程,但无需把非常复杂的组织当成负担。

图83. 活的细胞? 图片为将烟草花叶病毒颗粒被放大34 800倍的图像。它是由电子显微镜拍摄
(由G·奥斯特博士和W·M·斯坦利博士拍摄)

这种"最简单的生物"被称为"病毒",它们小到甚至用最好的光学显微镜都不能被观察到。不过,通过使用更强大的电子显微镜,我们有机会看到它们的形状并研究它们的性征。图83所示的是烟草花叶病毒的照片,它们危害着上千亩烟草的种植。

就像其他任何一种生物有机体一样,病毒是由核酸分子和蛋白质分子组成。我们在电子显微镜下所看到的是这些不讨人喜欢的微小生物的蛋白质外壳。而核酸分子则隐藏在病毒的内部,决定着任何一种给定病毒的属性,并决定它们将要袭击何种动植物。病毒对它的受害者,比如一个人或是一株烟草植物,发起进攻的方式是十分简单的。首先它将自己附着在细胞的外壁上，然后将它的核酸注入细胞内部，同时蛋白质外壳就被留在了细胞外面。紧接着，一场激烈的征战就此发生！细胞染色体中的核酸会对组成细胞的蛋白质发出指令，让它们按照病毒侵入前一样"继续"工作，使感染病毒的这种物种细胞能够正常运转。另一方面，侵入的病毒核酸分子希望人体细胞的蛋白质改变它们的"政治立场"，并开始生成新病毒。如果侵入的病毒赢得了这场战争，那么原本用于正常细胞增长和细胞复制的材料就会被用于体细胞中从而形成上百个新病毒。细胞壁就会破裂，新形成的病毒入侵临近的细胞，产生进一步的破坏。

虽然病毒并不讨人喜欢，但是它们却为生物学家理解基本的生命过程提供了很大帮助。在1955年，两位美国生物化学家，在加利福尼亚大学病毒研究所工作的海因茨·福伦克林·康拉特以及罗布利·威廉姆斯，进行了一个被称为"人工生产"有机生命体的激动人心的实验（在一定限制条件下）。通过烟草花叶病毒，他们发现了用化学手段将形成其内部结构的核酸与构成其皮肤结构的蛋白质分离开的办法。他们得到的实验结果就是：一个试管中是核酸的水溶液，而另一个试管中是蛋白质溶液。两种物质的分子看起来尽管很复杂，但是就像从其他物质中提取出来的完全没有生物活性的有机分子，无论怎样都无法显示出生命迹象。但是，当两种溶液被混合在一起时，蛋白质分子开始环绕在核酸分子周围。此后不久，电子显微镜就显示出了典型的烟草花叶病毒的存在。当这些"再造"病毒被放置在烟草植物叶子上，它们开始繁殖，好像什么都没有发生过一样，整株植物很快就成了花叶病的受害者。

当然，对此可以提出两个反对原因：称这是一种人工创造生命的过程。首先，在这些实验中使用的核酸分子和蛋白质分子不是由基本化学元素合成的，而是从分解活体病毒细胞而获得的。第二，病毒是最简单的活体生物。那么，对于创造一只小猫咪或是一个婴儿又会怎样呢？对于这些疑问的答案是：首先，近几年，从元素合成蛋白质和核酸分子的研究有了巨大进展，而且尽管今天我们还不能制造出像病毒中的分子那么长的序列，但是一定有可能在未来完成。其次，我们并不需要合成一只幼年猫咪，我们需要做的只是合成一个卵子和一个精子，而这两个细胞结构并不会比病毒复杂很多。

生命的起源

我们地球生命起源问题起始于另一个问题：蛋白质和核酸这两种形成所有生命体的基本化学分子是如何在地球表面通常的条件下产生的？现在一位优秀的有机化学家不用很费力就可以合成出所有20种氨基酸以及RNA或DNA中的4种核苷酸，但是这些物质在自然条件下是如何起源的呢？

几年前，哈罗德·尤里给出了一个关于这件事如何发生的绝妙想法，这个人的名字我们在前面已经提到过了。尤里的想法是基于行星系统起源的现代理论（参见第一章），根据这个理论，原行星初始时具有大量大气，主要由氢和氢的化合物组成，比如甲烷（CH_4）、氨气（NH_3）以及水蒸气（H_2O）。这些化合物中的化学元素（即氢元素、碳元素、氮元素和氧元素）正是形成核酸分子及长长的蛋白质分子的组成元素。尤里的理论是，由于受到阳光中的紫外线辐射以及地球大气中雷雨产生的放电，这些简单化合物的分子会联合形成各种氨基酸更复杂的分子。为了证实他的想法，尤里让他的一个学生，斯坦利·L·米勒进行一项实验，其中装有氢气、甲烷、氨气和水蒸气混合物的一个试管连续几天缓慢地放电。当最终分析这个试管中的内容物时，他们发现了通常合成蛋白质分子的多种氨基酸，于是对尤里假设提供了一个绝妙的确认。假设，在我们地球早期存在的时期，当它仍具有由氢气和氢的化合物组成的大气时，大气中不断产生出氨基酸，又缓缓地沉降到了地面上，在海洋中形成了氨基酸浓度较大的溶液（落在大陆上的氨基酸很可能也被雨水冲刷到了海洋当中）。于是这个过程提供了一种生命所必需的化学组成。

而人们对于另一种成分的起源就知之甚少了，生命离开核酸也不会存在。DNA和RNA分子链中含有的磷原子在大气中不太可能找到。而且，要合成这些化合物，除了紫外线辐射和放电以外，还需要高温。在这个方向上一个大胆的猜测认为核苷酸是水下火山活动的结果，但是直到今天，这仍然只是一个大胆的假设。

接下来另一个问题，当然就是海洋中的氨基酸和核苷酸溶液是如何形成蛋白质和氨基酸的，这两种结合在一起就形成了有繁殖能力的第一个生命有机体。我们知道确实在地质时期发生了这个合成，可能是寒武纪时期之前的几十亿年发生的。

通过讨论行星系统的起源，我们得到了一个结论，就是行星系统的形成是一个很普通的事件，许许多多的行星都很可能具有与我们相似的行星系统。而且我们也已经看到，认为在那些行星的大气层中，很自然地会产生构成生命体所必需的化合物。因此，很有可能，与我们相似的生命在围绕恒星运行的数十亿颗行星上繁衍生息，而这些行星构成了银河系。

第九章　生命的进化

生物进化的起因

我们，这些地球上的人类，把我们自己当作所有生物的统治者，当然这是相当公正的判断。自然界努力运作了数十亿年，通过在地球表面或者是在地球仍十分年轻的时候大气中形成的简单有机分子，创造出了复杂的有机体，比如写下这些诗句和正在阅读这些诗句的人。哪些因素导致了生物进化，产生了如此丰富的物种以及几乎令人难以置信的复杂结构呢？在19世纪初期，法国植物学家让·巴蒂斯特·皮埃尔·安东尼以及拉马克骑士，他们提出了一个理论，尽管这个理论现在已经完全过时了，但是仍被苏联植物学家特罗菲莫·德尼索维奇·李森科院士所相信。根据拉马克的理论，生物的进化过程是它们不断适应他们所在环境的结果，在一个生物个体的生命期间发生的变化通过基因遗传给了后代。因此，举例来说，就像我们今天所熟识的动物中，长颈鹿的长脖子应当是过去无数代成员，为了够到较高棕榈树的叶子一遍一遍地伸长它们的脖子不断努力得来的。

到了19世纪中期，拉马克的观点被著名的英国动物学家查尔斯·达尔文的那些观点替代了。根据达尔文的说法，进化过程中的变化并不是生物不断适应周遭环境形成的，而是一种盲目的"试错"过程产生的结果，而错误的出现在生存竞争中被无情地检验。达尔文认为，多产的自然母亲总是所有物种的后代过量地繁殖出来，多到如果不加以控制，它们的数量增长就会超出任何极限，以至于很快就没有足够的空间和食物提供给它们。这样的环境自然导致了生存的竞争，在这场竞争中最适宜生存的物种就存活下来了，而那些较不适合的物种就会消亡。达尔文理论的第二部分内容是，物种的后代，无论是小狗、小猫、幼崽、雏鸟还是小树苗，它们总是与彼此间以及父辈间有些许差异。这些差异中有一些或许对生存竞争有所帮助，但是大多数的变异是有害的。自然选择的过程导致最适宜生存的物种存活了下来，可以将它们的特性传递给自己的后代以及后代的后代，于是导致后代的基因逐渐优化。与拉马克和平的适应过程不同的是，达尔文的进化机制需要为了一少部分物种的进化而牺牲众多后代。

我们今天知道，达尔文关于后代特征多样性的假设是完全正确的。事实上，我们已经在前一章中看到，任意给定生物体的所有遗传性状都是由4种不同分子单元的顺序决定的，这些单元也就是排列在形成染色体的长长线状核酸中的核苷酸。由于热运动以及从外界而来的多种不同辐射的作用，其中一些单元可能会移位，改变了原始顺序。这样的移位导致遗传特征的跳跃性变化，被称为"基因突变"，突变的基因由接下来的染色体复制机制传递到之后所有的后代中。老达尔文如果知道他在进化理论中假设存在的小概率事件，比如果蝇眼睛的颜色经常变化很大，从黑色到红色的变异或是玉米穗形状和颜色的变化，实际上发生的概率很大，那么他一定会很开心。

毫无疑问，达尔文的"适者生存"原则在地球上生物进化初期就开始运作了，当时最复杂的有机"生物体"还是溶解在海水中的多种氨基酸的高分子聚合物（粘黏在一起）形成的简单蛋白质。事实上，我们可以追踪达尔文的进化原则一直到简单的无机反应过程中。当把铁粉和银粉的混合物暴露在氧气作用下，铁氧化物将比银氧化物形成的更多，因为铁氧化过程比银氧化过程速率要快。同理，各种更复杂的化学过程一定在溶解于原始海洋海水中的蛋白质分子之间发生,结果那些反应固有速率更快的分子就比较慢的分子占据了上风。这种生命的早期进化或者说有机物的早期进化,对于我们来说隐藏在了迷雾的厚重窗帘下,因为这些生物化石不可能留存在那些时期的沉积岩层中。我们同样不知道正在增长的有机物分子是何时以及如何获得了复制特征,即产生同样化学性质的其他分子的能力。

生物进化的初期

由于生命最早期的形式局限于微小的软体生物体,所以我们并没有多大希望在"沉降层之书"前面不完整章节中找到这些最早生命体存在过的任何证据。然而,确实存在着大量间接证据。正如我们说过的,在地球上不同位置发现的厚厚大理石层表现出原始石灰石沉降物的强烈变形,可能是在10亿年以前形成的。而现在比较确定的是,较近期的石灰石沉降物大部分是简单微生物产生的结果,所以我们可以在一定程度上断定,这种有机生命体的简单形式早在遥远的过去就已经存在了。

在这些地球历史早期形成的沉降物当中还包含着一定量的碳,它是以薄石墨层的形式存在。尽管碳的存在也有可能是火山活动的结果,但是石墨层在岩石上的分布使其更像来源于有机物质腐坏的产物,然后当沉降物被推至地球更深处,受到非常高的压力和温度时变形成为石墨。所有这些都暗示着在几十亿年之前,生命是以它的基本形式存在的,而"真"化石,就像我们在之后的沉降层中发现的那些化石一样,它们的缺失只是由于在这个有机生命体进化早期还没有形成坚硬的骨骼，所以就不能在地球历史的书页中留下永恒印记。

如果借助某种不可思议的仪器，我们能通过某种神奇的装置穿越到几十亿年之前，那么所看到的海洋和原始大陆地块的岩石斜坡会是死气沉沉的萧条景象。只有通过细致地研究，我们才能发现已经存在于地球表面的生命以及不同种类不计其数的微生物，它们为了生存而努力的奋斗着。在地球进化早期，地面仍然是相当温暖的，现在填充洋底的大部分海水仍然在大气中，并形成一层厚重的云层。阳光不能直射到地表上，所以在这种潮湿黑暗的环境中可以存在的生物就被限制于特定的微生物中，这种微生物可以完全不依赖阳光生长。这些原始微生物中有一些微生物要依靠溶解在海水中残留的有机物作为它们的营养，其他微生物通常则只吃些纯无机物食物。这种食物链第二级生物的"食用矿物质"机制也可以在所谓的"硫和铁细菌"中找到，它们通过氧化硫和铁的无机化合物获得至关重要的能量[1]。这种细菌的活动对于地球表面的发展变化起着非常重要的作用。尤其是铁细菌，它们可能要对厚厚的沼铁矿沉降层的产生负全部责任，而沼铁矿是世界上铁的主要来源。

随着时间流逝，地球表面逐渐冷却下来，而越来越多的水汇聚到了海洋中，遮天蔽日的厚重云层也逐渐消逝。现在在普照着大地的充足的阳光照射下，原始微生物缓慢地进化着非常重要的物质——叶绿素来分解空气中的二氧化碳，并利用由此得到的碳来合成它们生长所需的有机物质。这种"以空气为食物"的可能性为有机生命体的发展打开了新视野，再加上"生命集合原则[2]"，使植物王国中目前高度进化和复

1.当然，这种细菌的存在要求空气中要有氧气存在。——作者注
2.由多细胞组成的复杂有机体共生的形式。——作者注

杂的生命形态达到了顶峰。

但是，一些原始生物体选择了其他的生长方式，它们并不是直接从空气中获取食物，虽然空气中为每个人准备了充足食物，但是它们更倾向于以"现成"的形式获得它们的碳水化合物，就像辛苦劳作的植物产生的那样。由于这种获取食物的寄生形式相当简易，所以这些生物体剩余的能量开始用于移动能力的发展阶段，这项能力对于它们获取食物相当必要。由于它们并不满足于纯粹的素食，这些生物体的寄生分支开始自相残杀，而捕获猎物或者从逃避追捕的必要性使它们的运动能力向着现在动物界中特有的高程度发展。基于简单的火箭原理，最原始的运动肢体是由志留纪早期的头足类动物进化而来，直到今天鱿鱼还保留着它。这些动物的纺锤状身体被包裹在身体肌肉褶皱之下，这种包裹被称为"外套膜"，但是仍留下了可以被水填充的空间。"外套膜"的放松状态允许海水进入腔体内，然后通过肌肉的迅速收缩喷射出强大水流，使动物可以以相当高的速度向后推进。不过，火箭原理并没有被证实是一种十分成功的办法，大多数生物体进化出了通过它们细长身体的横向波动而使身体前进的方法。这种机理在海洋和陆地淡水中生存的生物早期发展中就达到了完美，只有像鱿鱼这种保守生物才依然坚持着老旧的原则。但是，读者可能会注意到，即便是鱿鱼在今天也具有两个水平减摇鳍，这样可以通过鳍的波动缓慢向前游动。

图84. 追溯到寒武纪时期的一块砂岩（公元前4.5亿年左右）。它表面的痕迹并不是远古的汽车造成的，而是由爬过潮湿的沙土的大型蠕虫产生的。注意图中波浪般的记号

（由美国国家博物馆提供）

　　我们一定清楚，对于软体动物和容易变形的动物来说，在水中很难做到快速移动，因为这种运动需要较稳固的流线型，而且通过刚性"运动部位"，肌肉的作用也可以更好地传递到水中。进化出身体坚硬部位发展带来的另一个好处就是保护自己不受其他"肉食性"动物攻击，同时这也是攻击其他生物更好的手段。这些优势，与生存的竞争和适者生存理论相结合，最终导致了动物世界软胶状形态转变成为拥有有力爪钳的重装甲形态，就像今天的螃蟹和龙虾一样。坚硬肢体的进化不仅为动物本身提供了巨大帮助，同时也为寻找"沉降物之书"章节中遗留下痕迹的现代古生物学家带来了好处。而且只能从偶尔在柔软沙土中留下的印记收集到过去的软体动物信息，而这些印记保留到今天的概率却十分渺茫（图84），但是对于具有坚硬外壳或是骨骼的动物就可以对它们的化石进行研究，就好像它们生活在今天一样。确切地说，地球整个历史时期以及整个地表生命的历史时期始于动物开始进化形成坚硬部件或坚硬躯壳的时候，今天博物馆中陈列的许许多多

外壳和骨骼,可以使我们能够直观地看到远古时期的生命形式。

图85. 泥盆纪时期(公元前30亿年左右)沉降物中三叶虫的化
石——自然大小

（由美国国家博物馆提供）

在古生代伊始,大约5亿年前,我们发现海洋生物进化到了一个相对高等的阶段。沿着当时的海边沙滩行走,我们可以找到被海浪推上来的一簇簇绿色海藻。而且我们还能像今天的人们所做的一样在沙滩上收集到一些漂亮的贝壳。或许如果我们看到一些奇怪的动物在潮湿的沙滩上爬行,我们也许不会感到太惊讶,因为它们总是让我们想起今天的马蹄蟹。这些名叫"三叶虫"的动物(图85)代表着远古最高等生命形式之一,它们可能是从软体分支蠕虫通过将它们的皮肤坚硬化并且将分离部分融合到头部和身体中进化而来的。第一只"三叶虫"相当小,它并不比一个针头大多少,而且身体十分原始,缺失眼睛的头部也进化得很差。但是,接下来它们取得了相当大的进展,在奥陶纪和志留纪的沉积物中包含着上千种高度进化物种的化石。在它们进化事业的巅峰,"三叶虫"超过一英尺长度,而且拥有十分怪异和装饰华丽的身

217

体。不过，增长的进程之后紧随而来的是迅速的下降，二叠纪后期的沉降物中仅仅包含了这些有趣动物中的少量物种。对于"三叶虫"物种生存的最后一击显然是地表上发生的革命性巨变造成的，正如我们了解的那样，这段变革发生在二叠纪末期。地面的整体抬升，海洋的后撤以及内陆水域的消失证实了对于这些动物来说太极端了。因为这些动物已经统治了地表超过两亿年之久，而在阿帕拉契亚造山运动达到顶峰时，这个物种却完全灭绝了。不过，原始"三叶虫"的某些分支一定在过去的进化过程中经受住了所有危险而得以幸存，然而变得更适应周遭环境，将它们的标志带到了今天。这条古代分支最现代的代表们通常在餐桌上出现，就是虾、蟹、龙虾等生物。

尽管"三叶虫"只是海洋动物，但是它们的一些近亲"板足鲎"，一定曾经迁徙到河水或是内陆湖泊中，并养成了在淡水中生活的习惯。事实上，最早的板足鲎很小，只有几英寸长，曾在寒武纪末期的海洋沉降物中被发现。而较后期并且进化得更高级的这一物种代表的大量化石遗骸，被留在了一亿年后形成的陆地水体的沉降物中。

与海洋生物相比，河流和湖泊淡水中的生命远没有那么平静，而且会面临很多不确定性。大陆盆地流域的水源供给一定会经常被切断，并逐渐干涸，这是常有的事。尽管生活在这些流域的大多数动物必定会死亡，但是在一些罕见情况下，生物个体可以使自己适应新的环境，并且继续在干燥的陆地上存活下去。这些板足鲎的后代在不适宜生存的条件下被迫从水中上岸，在大陆表面遍布，并分化成蜈蚣、千足虫、蝎子以及蜘蛛等繁多的物种。接下来它们占据了天空，发展出了飞行昆虫庞大的类别。

图86. 早古生代的海岸，散布着水生的海藻和贝壳。长管状的生物是志留纪
直贝壳的头足类动物；蜗牛状的生物是圆贝壳的头足类动物。可以看到"三
叶虫"（右下角）在沙滩上疾走。尽管海洋生物大量繁殖，但是地面实际上
除了千足虫和蝎子这样的一些物种以外并没有其他动物居住
（由菲尔德国家历史博物馆提供）

　　回到早古生代的海洋中，我们发现了完全不同的另一条进化线
（图86）。它们并不是在柔软的身体外侧进化出坚硬的外壳将自己包
裹住，而是一部分蠕虫开始在体内沿着整个身体进化出了坚硬的杆状
物，很显然这是当今鱼类以及高等脊椎动物的脊髓原型。处于普通蠕
虫到鱼之间转变阶段的典型例子是被称为"文昌鱼"的物种，它在今天
依然存在，并且可能代表了原始鱼群的直系后代。但是，这些蠕虫状外
观的动物与普通蠕虫有所不同，它们具有沿着整个身长的软骨杆，还
有微小的"腮杆"支撑着身体侧面。人们相信，这种原始骨骼的进一步
发展最终形成了脊髓和肋骨，脊髓和肋骨的进化将所有脊椎动物从较
原始的动物中区分出来。在这种进化关系中，值得一提的就是鲨鱼，它
代表了早在志留纪时期就存在的第一批"真正"的鱼类记录，它的连续

脊椎杆只是部分地被软骨环代替，而之后出现的鱼类和其他更高等的脊椎动物中获得了完整的替换。

鱼类从水中离开到干燥陆地上，并且它们接下来向两栖类和爬行类动物转变，很明显与更原始的无脊椎动物向脊椎动物进化具有相同的组合原因，并且两个方向的进化很可能是沿着相同的时间总线发展的。鱼类从水中离开一定是在晚古生代起始时期的某一时刻发生的，因为上泥盆纪和下石岩纪的沉降物中包含一些被解释为"原始两栖动物脚印"的痕迹。在上石岩纪和二叠纪沉降层中被大量保存的两栖动物的骨骼化石，说明它们属于现在已经灭绝了的具有重型装甲的动物，由于它们有坚硬的头骨，所以被命名为"坚头类"。

这些动物当中有一些只有几英寸长，但是其他动物，尤其生活在石炭纪后期的那些两栖类动物，身长超过了20英尺。值得一提的是，坚头类动物中至少有一些物种在额头中央具有第3只眼，在现今的两栖类动物以及一些更高等脊椎动物也能找到这个非常基本的结构形式[1]。

但是对于如此多的其他物种来说，这次古两栖类王朝的繁盛很快就被阿巴拉契亚造山运动早期阶段日益严重的寒潮和干旱所遏制了，但是仍有少量物种坚持到了三叠纪。今天的两栖类动物都是数量相对较少的小型低等物种，比如青蛙、蟾蜍和蝾螈。但是，有一些两栖类动物已经完全丧失了对水的依赖并迁徙到陆地上去，使得庞大的爬行动物王国逐渐发展起来，这个王朝注定要征服陆地，并且无可匹敌地统治接下来的1亿年。

1.现在，"第三只眼"的痕迹由头部前额位置所谓的"松果腺"代表。——作者注

图87. 二叠纪早期的一些爬行类动物很像今天的鳄鱼。也许是为了防御，其他动物具有高耸骨骼样的背鳍。它们的四肢在身体的一侧，在土地上的运动则是缓慢地爬行

(由菲尔德国家历史博物馆提供)

　　早期的爬行类动物都是懒惰的而且体型很长的动物，其中很多动物长得就像今天的鳄鱼一样。其他的爬行类动物都有着奇特的外形，沿着后背有一排高高的鳍状骨骼，可能是为了抵御出其不意的攻击（图87）。所有这些初期的爬行动物，就像今天的爬行动物一样，在腹部有脚，只能在陆地上通过匍匐向前爬行。直到中生代开始，爬行动物才开始进化出更适宜奔跑的直立姿势。姿势的改变可能是它们能统治陆地的其中一个主要原因，并因此在地球历史中期很长一段时间都能保持统治者地位。

　　与生物从海洋迁徙到陆地上同时进行或者甚至可能比这件事发生还要早一些，地球上的植物也发生着类似的进化过程。一些陆地植物一定是生长在潮汐带海岸线上的海藻，之后它们逐渐适应了水流的周期性退潮。另外，从淡水植物而来的分支被迫在内陆水域干涸的条件下改变着自己的生存方式。首次出现在大陆表面的植物仍与之前生活在水中比较简单的植物形式十分相似，它们主要被限制在广阔的浅水区域以及沼泽地中，在两次造山运动期间这样的水域分布比较广

泛。远古森林一定呈现出非常阴郁而奇幻的样子,它主要是由蕨类、马尾草以及块状苔藓组成,它们在森林中生长成巨型的植株(图88)。所有这些都是原始的孢子植物,既没有绽放的花朵也不会结果实。直到几亿年之后,原始植物才达到了我们现在所熟识的植物的进化程度。

图88. 中古生代的树木主要生长在沼泽之中,并且主要由大型马尾草、蕨类以及块状苔藓组成。这些丛林巨人的碳化残留物形成了今天的煤炭沉降物

(由菲尔德国家历史博物馆提供)

由于当时的植物主要受到广阔沼泽地的限制,所以倒下的森林巨人的树干通常会被埋在水面下,在接触不到空气中氧气的条件下分解,从而形成了丰富的煤炭储量。这种煤炭形成的过程以极大的规模一直持续到晚古生代的中期,在今天的地质学家中,这个时期(从公元前2.85亿年——公元前2.35亿年)因此得名为"石炭纪"。

爬行动物的大中央帝国

地球历史时期中的中生代,它的显著特点是期间生存着一种在干燥的陆地上蓬勃发展的动物,它们从小型的爬行类动物成长为巨型怪物,这种挑战着人类最生动想象力的动物就是"恐龙"。正如许多其他物种一样,恐龙在三叠纪早期出现时是一群体型相对较小的动物,身长不超过15英寸,仅在这个时期末期就发展到了如此辉煌的境地。早期的恐龙身材细长,并拥有强健的后肢和有力的尾巴,这样可以帮助它们在跑动时保持身体平衡。它们在外形上与今天澳大利亚的袋鼠一定很相像,只是恐龙没有毛皮,而且长着爬行类动物的脑袋。

图89. 雷克斯霸王龙,一种巨型袋鼠体型的爬行动物,它是白垩纪时期的恐怖动物。同一时期还出现了大量带角的爬行动物,三角恐龙就是这类恐龙中已知的最大代表

(由菲尔德国家历史博物馆提供)

这些原始三叠纪恐龙进一步的进化产生了许多其他的样貌,从尺寸以及习性上都差别很大。这个家族中最令人害怕的代表之一就是雷克斯霸王龙,它是一种巨型的食肉动物,高度可达20英尺,从鼻尖到尾巴末端的总长度大约在45英尺左右(图89)。相较于白垩纪时期的"暴虐君王",现在的百兽之王——尊敬的狮子陛下,在它们面前不过像一只无害的小猫一样。

与这种远古的猛兽形成鲜明对比的是另一种长得像袋鼠的爬行动物,名为"似鸟龙"。它的身材矮小,有点像我们今天的鸵鸟。这些温和动物可能只以蠕虫类和小型昆虫为食物,而且它们没有牙齿,还有像鸟类一样的角质喙。

除了这一大群恐龙之外，这些恐龙它们依靠后腿和尾巴行走，前腿只用来捕捉猎物或者战斗，恐龙中还有一个很大的分支长得就像今天的蜥蜴，只是尺寸上有区别。这一群体中的大多数成员可能是二叠纪早期爬行动物的直系后代（图87），它们并没有自己"两条腿"的亲戚那样有活力。人们在侏罗纪时期的树丛间行走，很可能就会碰到梁龙或者它的兄弟雷龙，雷龙的体重高达50吨左右，从鼻尖到长长的尾巴末端的身长达到了100英尺，还可能遇到巨型的剑龙，它的脊柱上携带着一副沉重的装甲。

图90. 梁龙，它的近亲雷龙（体重大约50吨，从鼻子到尾巴的体长为70英尺），或者巨型剑龙（沿着它的脊柱有重型装甲），在侏罗纪时期的丛林中很容易找到它们

（由美国国家博物馆提供）

其他种类带角的爬行动物也不少，比如巨型的三角恐龙（图89），或是它谦逊的前辈原角龙，原角龙的蛋被侥幸地留存下来，使当今的古生物学家感到惊喜并促使他们去探索。（图91）。

图91. 原角龙的蛋, 保存在蒙古戈壁沙漠的沙子中
（由美国自然历史博物馆提供）

在我们对于强大中生代帝国中生存的巨大爬行动物进行调查时，一定不能忘了一类庞大的族群，它们由于某种原因不满足于陆地生活，于是回到了海洋当中，让自己就像今天的海豹、海豚和白鲸一样适应着新的生存环境[1]。中生代的海水里全是各种不同种类的爬行动物在游动，它们之间为了食物而不断征战。当时海洋爬行动物的典型代表是鱼龙以及相当笨拙的蛇颈龙，鱼龙的总体形态更像是一条鱼。而蛇颈龙它们虽然行动不便但还是在捕鱼探险中非常成功，这得益于它们像天鹅颈般的长脖子（图92）。

在爬行动物大中央帝国之中最奇怪的代表无疑就是翼手龙，它们组成了这个帝国的空军力量。这些占据了天空的爬行动物，具有坚韧的双翼、赤裸的身体以及锋利的牙齿（图93）。在白垩纪时期当中，当爬行动物帝国达到了进化发展的巅峰，这些飞行的怪兽也长成了最大体

1.读者当然会意识到，后面提到的这三种动物都属于哺乳类，它们也是在进化的某一阶段回到了海洋当中。——作者注

型。人们发现的样本显示，它们的翼展达到了25英尺左右。

图92. 中生代的海水中存在着大量的海洋爬行动物。最典型的就是鱼龙，大体形状很像鱼；还有蛇颈龙，它们有着长长的天鹅般的脖子，这在捕鱼时很有用

（由菲尔德国家历史博物馆提供）

中生代飞行的爬行动物代表着今天鸟类的过渡阶段，通过对侏罗纪时代沉降层中发现的一些骨骼进行研究就可以确认这个事实（图94）。为我们留下这些化石遗骸的生物名叫"始祖鸟"，它是典型的远古飞行爬行动物和现在普通鸟类最奇怪的组合。这些一半是爬行动物另

图93. 翼手龙（左上角），爬行动物的大中央帝国中的"空中力量"，它们有着赤裸的身体，坚韧的翅膀以及锋利的牙齿。在白垩纪时期，这些飞行的怪兽获得了最大限度的发展，一些化石样本显示出25英尺的翼展。右下角是史前龟

（由菲尔德国家历史博物馆提供）

一半是鸟的动物具有类似于鸟类的羽毛，但是它们锋利的牙齿，锯齿状的翅膀以及细长的圆锥形尾巴都明显地暴露了它们的祖先就是爬行动物。人们再也找不出一种比它能更好地展示出像爬行类和鸟类这样看似完全不同的物种间进化连续性的样本了！

图94. 阅读"沉降物之书"中的侏罗纪部分，在巴伐利亚州的索伦霍芬找到了第一只鸟的骨骼，这种鸟被称为"始祖鸟"。左下角给出了这种生物重建后的样貌

（由美国国家博物馆提供）

　　在陆地、海洋和天空中拥有不计其数的代表性生物的巨型爬行动物的王国，很显然是地球上整个生命存在时期中最强大也最广阔的动物帝国，但是这样一个帝国的衰落也是极具戏剧性并且拥有一个意想不到的结局。在中生代末期相对较短的一段时期中，霸王龙、剑龙、鱼龙、蛇颈龙以及所有其他的"龙"也全部从地表上消失了，就像某种

巨大的风暴把它们都刮跑了一样[1]，为等待这个机会超过一亿年的小型哺乳动物留下了自由的土地。

导致地球表面曾经存在过的动物当中最强大这类动物全部灭绝的原因仍然是相当模糊的。人们通常认为主要原因是拉拉米造山运动的预备阶段地面整体的抬升以及越发恶劣的气候条件。但是内陆海和沼泽地的消失不可能会对多种恐龙产生影响，因为它们已经完全适应了干燥陆地上的生活。并且我们同样知道，许多诸如翼手龙这类的物种，在气候变冷之前很久就已经灭绝了。还有推测认为，哺乳动物帝国的崛起直接造成了古老爬行动物帝国的灭亡。当然，没有人会觉得这么小的原始哺乳动物，不超过普通的蝙蝠大小，能和恐龙公开正面交战。但是很有可能，在寻找食物的过程中，这些哺乳动物可能是以恐龙蛋为食，于是这些统治动物的出生率灾难性地降低了。然而，这个假设并不能解释清楚所有的事实，因为许多大型爬行动物生出的幼崽，比如鱼龙，这些幼崽就足以保护自己了。

也许可以解释爬行动物帝国衰落以及发生在许多其他种群上类似经历的一个最笼统的假设就是：物种的灭绝是由于任何古老的生物种群出生率的自然降低。事实上，由于有机进化过程中向下任意某个分支的新一代，都是由前面几代的遗传细胞分化产生的，所以给人的感觉是物种传承下去的遗传性状就会变得越来越"稀释"，于是原始库存中的细胞就会逐渐变得"难以再被分化"。

我们现在关于活体细胞性质以及其分化过程的知识仍然十分匮乏，以至于这样的假设正确与否还很难说。但是，话说在前面，这

1.目前，这个强大王国的幸存者只有少数几个物种，比如鳄鱼、短吻鳄和海龟。——作者注

种"生命力枯竭"的发生也并非完全不可能，之后整个动植物物种的灭绝就只是因为它们变得年纪太大了。这种观点同样与重现原理相一致，根据这个原理，每个个体生命会在其早期胚胎阶段将这个物种的演变过程重复一遍。如果一个个体的进化与整个物种的进化相同，那么相反的，这个物种本身早晚会以与每个个体死亡的同样方式消亡，这个推测是合乎逻辑的。

"哺乳时代"

从生物学角度来看，那句形容人的一些性格"是从娘胎里带出来的"的俗语有着深刻含义，因为乳腺的存在产生了有营养的白色液体，这是我们人类所属的一大群高等动物的最基本特征。哺乳动物的特征和习性千变万化：有一些甚至会生蛋，比如鸭嘴兽和食蚁兽，但是习性上的一条铁律就是给孩子喂养新鲜美味的母乳，将母子联系成一个明确整体。哺乳动物的历史或许可以追溯到晚古生代，当一些小型爬行动物产生母乳的器官首次进化出来的时候，这些爬行动物对抚养自己的孩子特别关心。但是在中生代的黑暗时期，陆地、海洋和天空都在巨型爬行动物的永久统治下，这些卑微的母性大发的动物几乎没有机会进化。侏罗纪时代的沉降物中偶尔会出现这些古代哺乳动物遗留下的痕迹，但是从未比一只小狗的体型大多少，而且总是伴随着恐龙的遗迹，对于恐龙来说，它们一定是十分美味的食物。不过，事实上，这些古代哺乳动物的痕迹几乎可以在全世界的各个角落里找到（尤其是在非洲），这也就说明了这种新物种在生存竞争上是十分成功的，并且自身具有进一步进化的无限可能。值得注意的是，地球上唯一一处没有发现原始哺乳动物化石的地方就是在澳大利亚的大陆上, 而这片土地现在是以独有的诸如鸭嘴兽、针鼹以及袋鼠这些较原始的哺乳动物著称[1]。这个事实也许可以被当作一个信号, 哺乳动物在这片与世隔绝的大陆上的起源要晚得多, 并且是以一种与世界上其他地方完全独立的方式在进化。而且这个结论为下面的假设提供了一些支持: 许多生命形式的相似性并不是直接遗传的结果, 更可能的是与类似环境下的一般进化规律联系在一起。至于在不同大陆板块上独立的进化线, 还有人可能推测将不同地理位置相对进化速度与对应的可利用土地面积建立起联系。由于生命体的进程是通过 "试错" 方法得来的, 而且可能大多数都是错误的[2], 所以应当认为这一物种的进化速度将正比于这个物种中个体的数目。因此, 在欧洲和非洲合并在一起的这种广袤土地上, 这个进化进程应当进展得较快, 而在美洲就相对较慢, 在澳大利亚这一小片独立大陆上就会进化得更慢。

　　但是我们不应当太深入于这些推测, 在目前, 它们仍很难被确定性地证实或是推翻, 所以, 我们现在回到对于哺乳动物进化过程的描述。正如我们所提到的, 在上亿年间, 这些小动物只是微不足道的, 而地球上所有的生存空间都被爬行动物完全占据了。但随着大型爬行动物的消失匿迹, 这发生在拉拉米造山运动的前夕, 哺乳动物出人意料地成为陆地的唯一统治者, 并迅速发展至极致。

　　在始新世时期, 也就是动物世界历史中现代的开端, 哺乳动物王

1.袋鼠应当被当作哺乳动物比较原始的形态, 因为虽然它们并不产卵, 但是它们生出的袋鼠宝宝并不是发育完全的形式, 还需要将它们放在肚子上的皮袋里直到它们发育成熟。——作者注

2.一个有机生命体可以自发产生的所有可能变化中, 对于生存竞争有利的仅是相对较少的数量, 因此只有少数变异基因在自然选择的过程中才能长久地存在下去。——作者注

国十分广阔，并且我们可以轻易地辨认出其中许多有代表性的动物就是今天我们所知道的动物的祖先，但是这个原始世界具有所有物种体型极小的特点。花了4 000万年的时间，动物的体型才长成现在的这样。始新世时期的马和骆驼大约和家猫的体型一般大，身材细长的犀牛也不比一头猪大。现代大象的祖先几乎是与人齐腰的高度。当然，当时还没有人，连矮点的人都没有，但是有无数小猴子，它们可能已经体会到从树的顶端掉下椰子的快乐了。当时猎食肉类的野兽名叫"裂齿类"，随后它们进化出了动物中的两大分支，犬科动物（狗、狼，熊）和猫科动物（猫、老虎、狮子）。

图95. 古猪类（巨型野猪），也许是中新世最强大的动物，它们跟公牛一般大，骨骼大约有4英尺长。大约2 000万年前，犀牛（背景左边）还是体型不超过通常狗大小的苗条野兽。当时的马（背景中间）并不比今天的舍特兰矮种马的体型小，而史前骆驼（背景左边）就像今天的瞪羚
（由菲尔德国家历史博物馆提供）

随着时间的推移，一些早期哺乳动物灭绝了，而其他的哺乳动物逐渐进化并且体型也在变大。在中新世期间，大约2 000万年以前，马长到了设得兰矮种马的体型，而犀牛也已经成为强壮的野兽，不再是轻轻一脚就能被踢出去的样子了。不过，当时最强壮的动物无疑是一种巨型野猪，巨猪科动物，它们和一头公牛一般高，并且具有4英尺长的

231

骨骼（图95）。今天大象祖先的体型也变大了，而且它们的躯干也会变得越变越长，在进化的初级阶段几乎不会被注意到。在欧洲和亚洲南部的大陆上，不包括美洲大陆，我们偶尔还会遇到长相凶恶的大猩猩，名为"森林古猿"，它们是今天大猩猩的远亲。

读者一定不能忘记，直到更新世冰川时期，地球上的气候都是相当温和的，食物也十分丰富，甚至在北纬地区也是这样，而且现在只能在热带地区找到的动物当时遍布了欧洲、北美、亚洲北部广阔的土地。事实上，人们在那个时期的沉降物中发现的化石切实地证明了，大象、犀牛、河马、狮子、普通和灭绝了的老虎（剑齿虎）以及现在只在非洲赤道地区发现其他的许多动物，它们当时在整个纽约、巴黎、莫斯科、北京这些城市的位置捕获猎物。

当大冰原第一次从北部区域开始扩张，缓慢地覆盖住了欧洲和北美洲的大部分面积时，这里生活的动植物便也开始缓慢地向南推进。许多物种由于这样或者那样的原因无法迁徙到南边更远的地方，它们便在逐渐增加的寒冷中灭绝了，而其他的物种开始适应这种新的

图96. 冰川时代最令人印象深刻的场景之一一定是一群长鼻子猛犸象家族穿越冰天雪地的画面了，当时厚厚的大雪覆盖住了亚洲、欧洲和北美洲的大部分地区，猛犸象也披着厚厚的棕色长毛

（由菲尔德国家历史博物馆提供）

气候条件，并进化出温暖的长毛皮保护着它们不被极地的冬天冻坏。

或许地球历史的这些寒冷时期中，最令人印象深刻的景象就是体型壮硕的长牙猛犸象家族，一个个身上披着棕色毛皮制成的厚厚大衣，穿越冰雪覆盖的大陆（图96）。尽管这个巨型长毛动物的种族在几千年前就已经灭绝了，但是仍然可以在西伯利亚冻原中找到它们其中的一些冰冻的尸体。俄罗斯科学院探险队中的一名队员甚至挑战着去吃冰冻猛犸象的肉做成的汉堡。幸好当时有一个急救箱在，才把严重胃痛的他给救了回来。

人类时代

哺乳动物进化最主要的因素之一就是它们大脑的大小相对于它们身体的大小明显要比它们对手大得多。这可能是它们恒温的身体产生的结果，通常人们认为头脑冷静比头脑发热要有利于思考，而进化与此却恰恰相反。大脑的进化在哺乳动物王国的其中一个分支中尤为明显，这一分支就是灵长类动物。它们是在树上生活的一些哺乳动物，为了挂在树枝上，它们进化出了可以抓东西的双手，这就与陆地上行走的生物脚掌和蹄子是不同的。后来，当它们从树上回到地面上时，后脚就退化掉了抓树枝的能力，而前脚开始更适应抓握各种不同的物体，比如椰子、树棍、石头或是（后期）矛、弓和箭。

毫无疑问，读者此时一定已经猜到，我们现在正慢慢接近一个人类起源进化的讨论话题。在过去的200万年中，从没那么好看也没那么聪明的祖先到人类的进化一直发生着。或许这个生物体进化分支的最早期阶段，现在我们将其称为智人或者思想者，他们发源于上新世后期的非洲。1959年，东非猿人，也就是我们所有人的曾曾曾……祖父，一位英国考古学家路易斯·李奇博士在非洲东部发现他们的遗迹。东非猿人——这个名字就是在非洲东部的人——生活在175万年以前，是最早知道制造石器的人。南方古猿，大约生活在200万年前非洲南部的猿人，他们的化石被英国科学家雷蒙德·胡德于20世纪20年代发现，同时发现的还有骨头做成的武器以及南方古猿杀死的动物遗迹。

从仅有的化石记录来看，这些类人生物向北向东游走，遍布在欧洲和亚洲的土地上。大约在公元前50万年，爪哇直立猿人生活在印度东部的爪哇岛上，而北京猿人生活在现在中国北京的位置。这两种很久以前就故去的个体外貌十分相似，有些人类学家认为他们属于同一类。他们里面装有大脑的头腔大约只有1 000立方厘米，而现代人类头腔的大小是1 500立方厘米。另一方面，我们一定记得，现代猿中体型最大的就是大猩猩，它的脑容量仅稍微超过500立方厘米。这些个体的额头是向前的，眉骨也十分高耸，已经进化到了足够高的程度，所以我们才把他们当作我们的祖先。爪哇直立猿人是以家庭为主而并不是非常社会性的人。他与他的家人生活在树丛里，也在山洞中找寻庇护所。很可能他是知道如何取火的，也知道如何用木头和石头制造简单的工具和武器。有一些证据表明，欧洲也存在着同类型的猿人。事实上，在德国的海德尔堡附近发现的一个人类下颌就可能属于欧洲的爪哇直立猿人。

随着越来越多的发现，人类进化历程中一个更高等的阶段就是尼安德特人，在亚洲、非洲和欧洲都能找到他们留下的许多遗迹。他的头骨比猿人要大一些，他的技能也会比猿人多。他很可能是个矮壮的体型，他的肩膀佝偻着，他的膝盖像现代的猿猴一样稍稍弯曲着。他的脸很大，前额很低，眉弓突出，下颌就像兽一样，下巴缩在里面。不过，尽管他长成了这副模样（至少从我们的观点来看），但是他看起来很像人类。他熟练地使用着塑造美丽的石器和武器，并且他还是一位很好的猎人。但是，他遇到了来自人类种族另一个分支的竞争者，克罗马农人，这个名字来自法国西南部莱塞齐耶小村庄中名为"克罗马农"的悬岩，在那里人们首次找到了他们达成成就的遗迹。克罗马农人个头都很高，肤色黑（毫无疑问），并且很帅。他的前额很高，显示出大脑前部的发育，下巴是尖的而且是突出的。他是制造武器和打猎的专家，在闲暇之余，他会在生活的山洞墙壁上画下所打下猎物的美丽图画。这些画相较于现代人类创作出的所有精美画作来说，都可以轻而易举地保持着它的独特性。最有可能的是，克罗马农人进化出了演讲艺术，而且他很可能还会用音乐表达他的情感。在尼安德特人和克罗马农人之间很可能发生了一场激烈的竞争，而后者把前者消灭掉了。于是，这才有了今天的我们。

以我们现在所知道的来考虑，人类未来会是什么样子？不幸的是，从进化论的角度看，未来前景是相当严酷的。正如我们所看到的，从阿米巴变形虫到人类的整个进化过程是后代过度生产、生存竞争和适者生存的结果。这些构建出的自然选择过程使得生命体稳步地进化。今天我们仍然出现了人口过剩，这通常被称为"人口爆炸"。但是它被当作一件坏事，而不是对于人类有价值的进化因素。当然，问题在于，智人的智慧中进化出了阻止他杀戮自己同类的道德代码，而且医学的发展尽一切可能延长本来可能死去病人的寿命，否则他们就会死去，而且没有后代。因此，自然突变产生的"坏基因"是被允许的，甚至是被鼓励传递到之后的后代当中，而不是在生存竞争中就此消除。这个事实令人类的进化过程发生反转，人类并没有进化，至多也只是保持在现有的水平上，并伴随着退化的危险。很难说在未来的几百年、几千年后，事情会发展成什么样子。建议每个家庭都生育13个孩子，留下最好的3个孩子，毫无疑问地处理掉剩下的孩子。不过，并不排除这种可能性，伴随着遗传学实验和生化实验未来的发展，人们将有可能在受精前就检测配子（生殖细胞），并剔除或修复那些发生严重变异的基因。为了优化未来人种而在基因上进行某种操作的办法也变得有可能实现，比如去除像阑尾这种遗传下来没用的器官，比如增加大脑的体积。如果在科学上可以做到这些，那么，地球表面上的人类将在未来无限期地繁荣兴旺下去。

人口增长，食物和能源

原始人类与生存在地球上的其他物种之间的竞争具有许多优势，于是人口开始迅速增加，人类也开始分散遍布开来。到公元前2万年，他就已经穿越了白令海峡，并且在美洲建立起了殖民地。人们猜测，大约在1万年前，智人的数量一定达到了1 000万。在公元元年的开始，一个更可靠的估计显示人口达到了3.5亿。在接下来的2 000年中，人口的增长量很少。18世纪初期对地球上的人口进行的估计显示，人口总数仅增加到了5亿。不过，在最近的这200年中，人口一直在迅猛增长，现在人口多达28亿[1]。此时此刻，世界人口正以每天大约10万多人的速率在增加。

托马斯·马尔塞斯在1799年发表的一篇关于人口的论文中首次强

1.截至2018年，世界人口估计为76亿左右。——译者注

调出这种人口快速增长的迹象。在这本书中，他描绘出了人类未来的严峻前景，并预言不出一个世纪农作物和饲养的动物就不足以满足地球上增长的人口的需要。他的预测现在证明是错误的，但是只是因为他没有预测到19世纪农耕技术会发展到这种程度，可利用的土地能与增长的人口所需的食物供给相匹配。

今天，科学的农耕技术取得了所有进展，粮食增长与人口增长之间的较量倾向于对后者更占优势。因此，举例来说，1947年到1953年期间，世界食物生产增长了8%，而世界人口呈现跳跃性增长，增长值为11%。虽然查尔斯·达尔文爵士本身就是一位物理学家，但他对生物学的兴趣一定是从他著名的祖父那里遗传的。在他题为《世界人口问题》（剑桥大学出版社，1958年）的演讲中，他写道："现在人口的急速增长不可能是一个平均状况，一定会在不久的将来停止下来。如果有人对此质疑，那么单纯的算数就能将他说服，因为如果按照现在的增长率持续1000年，那么就很容易计算得出——在人类历史上不是很长一段时间——那么，地球表面的土地上仍然有站立的空间，但是却没有空间可以让所有人都躺下了……"

不过，可能在很久之前，地球上增加的人口就会遭受到粮食和能源的短缺。我们消耗的所有食物是由阳光照射在绿色植物从而发生光合作用产生的。人类也可以通过食用稻米、面包和蔬菜直接获取这些能量，或者通过一种高等却是二手的方式，食用牲畜或家禽的肉来获取能量，而这些动物从植物中获取第一手的能量。当土地上生长的植物所提供的食物来源被透支，人类就会把饥饿的目光投向海洋中的植物，那里的植物比陆地植物多出10倍。我们将会不得不与鱼类竞争浮游生物，同时也把鱼类作为肉类的替代品。

在能源问题上，情况看起来同样糟糕。今天我们所使用的煤炭和石油，其含量都是有限的。当这些能源被消耗殆尽，人类就不得不被迫回到原始的燃烧木头的状态，木柴生长所必需的陆地面积就会与用来生长食物的陆地面积相互竞争。

"能不能用原子能呢？"读者可能会问。是的，原子能又会怎样呢？今天我们有消耗铀的原子能工厂或者作为电能固定的供给，或者作为推进动力的用途。但是，在这些核反应堆中所使用的轻铀同位素在自然界中却十分罕见，人们不知道这样会持续多久。更糟糕的是，伴随着铀反应堆的出现，大量放射性裂变产物被产生出来，它们要么被埋藏在地面下，要么被装在密封桶里扔进大海。如果我们一定要建造足够多的铀反应堆满足人类的所有需要，假设我们有足够的铀，那么处理裂变产物的问题实际上也会完全无法解决。

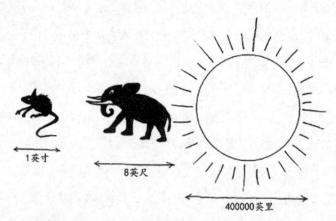

图97. 物体内部的产热率（新陈代谢）一定随着它的体积增大而减小

然而，还存在着更有希望更令人振奋的一种可能性。太阳能以及所有其他恒星的能量是由于一种热核反应产生的，反应中两个普通的

238

氢原子结合成一个重氢原子，并随后形成了氦。但是很少有人会意识到太阳中的产能反应会进行得极其缓慢。确实，太阳内部每单位体积产生的热量还不到人类体内新陈代谢过程产生热量的1/1000。如果1个电咖啡壶的电加热单元与太阳内部产热的速率相同，那么在水沸腾之前要等上1年的时间。当然，还需要假设咖啡壶是个完美的隔热装置，期间并没有热量损失。那么，为什么太阳温度如此之高呢？一个简单的类比就会让事情变得更加清楚。一个动物体内产生的总热量与它的体积成正比，体积也就是它所占据的空间，以立方单位测量。另一方面，它的热量损失是由表面积决定的，以面积的平方单位测量。因此，动物的体型越大，它的表面积相对于体积就越小，这样为了保持体温，每单位体积所需的热量释放就会越小。举例来说，一头大象大约比一只老鼠大100倍，它的重量是老鼠的100万倍。但是大象的体表面积只是老鼠的1万倍。如果老鼠的新陈代谢和大象一样缓慢，那么它就会被冻死，因为从身体表面损失了大量热量。而如果大象的新陈代谢像老鼠一样快，那它就会变成一头烤熟的大象，因为它身体的体温会持续增加。那么，太阳比大象大得多，所以尽管它内部核能释放的速度比一个人的新陈代谢要慢1 000倍，为了向周围空间辐射出能量，它的表面温度一定会达到6 000℃（图97）。

因此，即便我们可以达到太阳和其他恒星中产能的热核反应，对我们来说根本也没有丝毫实际的应用价值。但是如果，不用普通的氢原子（就像太阳和其他恒星那样），取而代之我们改用"重氢"或是氚的话，反应进程就会加快很多。有人曾经计算过，100万℃的温度条件下，重氢中进行的核反应会释放出1卡路里/克/秒的能量（图98），而在300万℃时，大约是1 000卡路里/克/秒。（1卡路里被定义为加热1克水使

其上升1℃所需要的热量）

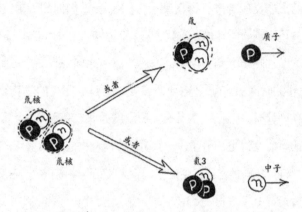

图98. 两个氘核（即重氢原子核）的两种反应方式, 并释放出核能

　　重氢与铀混合就会产生数百万吨的氢弹爆炸。尽管制造出这样的氢弹相对容易一些, 但是更难的任务是成功地对重氢中的热核反应进行控制, 这样就能以任何所需强度的稳定速率来释放能量。在已经过去的20年中, 美国（雪伍德方案）、苏联（布里安斯基莱萨计划）以及其他国家都已经对这个领域的工作进行了严格管理, 但是尽管到目前为止, 所有这些努力的结果仍是负面的。

　　但是, 就像科学和技术史中的通常情况一样, 如果某些事情在理论上是可行的, 那么人类天才们早晚有一天会将它付诸实践。很可能的是, 控制热核反应的秘密很快就要被揭开。重氢热核反应会比现在的铀反应堆具有极好的优势。含有重氢的重水形成了海洋中0.02%的海水, 而且, 众所周知, 将重水从普通的水中分离出来的方法也相对简单。重氢间的热核反应不会产生任何危险的放射性物质, 所以不存在处理反应产物的问题。这个反应的主要产物是速度很快的中子和质

240

子, 可以被用在将释放出的核能转化成电能或者其他任何的能量形式上。

计算海水中所含的重氢可以为人类在未来提供多久的能量, 这是一件很有趣的事情。海洋中海水的总体积为3.3亿立方英里, 每立方英里的海水中含有5亿吨的氢原子。所以, 总共有1.65万亿亿吨的氢原子, 其中0.02%——也就是33万亿吨——是重氢。我们知道1克重氢的核反应会释放180亿卡路里的能量。因此, 海水中从重氢得到的总核能是60万亿亿亿(6后面21个0!!)卡路里。

那么, 现在人类的能量消耗是多少呢? 由于在未来能源是丰富的, 农田是短缺的, 所以假设人类以后不再利用阳光中的能量来使农作物生长, 而是利用重氢的核能从元素合成他的食物。如果这是合理的假设, 可以通过我们现在具备的有机化学知识来实现这种合成, 并且如果可以实现大批量生产, 这很明显会更经济一些。一个人每天健康的饮食需要摄入30万卡路里[1], 所以要为现在地球上生存的28亿人口提供食物每年则需要3×10^{17}卡路里。全球电力生产(主要靠燃烧煤)所消耗的能量大致相同, 而在燃烧汽油和天然气的产业需要的能量会再稍微多些。因此, 我们可以近似地说, 今天人类每年会消耗掉10^{18}卡路里。假设将核能转化成食物中的化学能、机械能和电能的效率是10%, 并且假设将存储的总能量平分到现在人类的每年所需, 我们发现这种存储的能量将可以供人类使用600亿年之久!

现在想来, 太阳系的年纪只有50亿年, 并且根据下一章中要讲到的证据, 太阳还会像今天这样发光发热下一个50亿年。即便人口增长

1.1 000卡等于表示饮食中食物热值的一个单元(通常被称为"一大卡")。——作者注

到现在的10倍, 这时也许会接近查尔斯·达尔文爵士提出的地表面积可供所有人站立和躺下的空间, 到那时从海水中的重氢获得的能量也会伴随太阳的存在而一直存在。因此, 接下来的50亿年, 没什么理由担心地球上的生命。考虑到本章前面给出的生物学观点, 认为只活了不到10万年的智人是能够在接下来的50亿年中存活下来的物种, 这样的想法是不切实际的。

很可能的是, 智人的位置将会被从啮齿类或者甚至从昆虫进化而来的某种其他有智慧的物种所替代, 我们就不得而知了。

第十章　地球的未来

短期预测

正如我们在前面章节中所学习到的，在地球存在的大约50亿年间，地球历史显示出了一系列单调的重复性变化。由于地球内部的构造活动产生了地壳褶皱，在大陆表面各个地方耸立着很高的山脉。雨水缓慢地将这些新形成的山体冲刷带走，碎片在洋底沉降了下来，将大陆表面削减成了沼泽平原。接下来的地壳破裂又形成了新的山脉，然后又轮到它们被雨水冲刷殆尽，如此这般周而复始。地质证据表明，山体形成时期（或造山运动）在过去不断重复地发生，在这期间会间隔1亿到1.5亿年，而且没有什么理由怀疑地球表面在未来几百万年的情形和过去会有任何不同。我们生活在最近一次（拉拉米）造山运动结束的阶段，这一造山运动大约是在7 000万年前开始的。就因为此，我们才能在落基山脉、阿尔卑斯山脉或是喜马拉雅山脉欣赏到美丽的山峦风光。再经过几百万年，现在山川美景所有的美丽都会被冲走，而不复存在。在接下来的几百万年中，大陆表面会是荒芜的、如同沼泽一般，尤其会被隐藏在浅海之下。之后新的山脉又会隆起，这正是登山运动员所喜欢的，不过到那时就不一定有没有人类了。

地球表面上微小的变化虽然很缓慢，但就在我们的眼前发生着。现在覆盖了地表面积3%左右，作为最后一次冰期存在的更广阔的冰原在地面上残留的部分，极地冰冠正在缓缓地融化着。就像在第六章中提到的，每年这些冰川的厚度都会减少两英尺左右，而融化产生的水被分到了各个海域当中，使海平面每年上升一英寸，并且逐渐淹没了大陆板块上靠近海岸的地区。另一方面，根据地球板壳均衡说，一些大陆地区被缓慢抬升的同时，另一些大陆也在缓慢下沉。大陆表面逐渐地抬升可以归因于，至少可以部分归因于极地地区冰川融化导致的质量减少。

与这些地表特征变化相关联的是不同地区气候条件的变化。比如说，我们发现在最近的30年中，北美洲和欧洲北部地区的年平均气温上升了几度。在过去的地质时期当中，地球上的气候变化和现在的气候相当不同。只在4万年前，厚厚的冰川从北部高地延展下来，一直延伸到北美的纽约地区，并超过了欧洲巴黎和柏林现在所在的位置。另一方面，现在是两英里左右厚的一大块连续冰层的格陵兰岛，在当时地球历史早期曾是覆盖着我们熟悉的橡树和栗树的树林，当时在水域里有丰富的珊瑚礁，现在也只有冰山浮在水面上了。

正如我们说过的，对当地景象和气候有深刻影响的冰川交替性地前移和后撤最有可能是由于地球绕着太阳运行过程中公转轨道的微小变化所导致的。事实上，米兰柯维奇对于上个25万年地球接收到的太阳能总量的计算与那个时期气候变化的地质数据十分吻合。如果米兰柯维奇是正确的，那么同样可能推测出未来的气候，因为天体力学为我们提供了地球公转轨道在未来10万年变化的数据。这样的数据虽然是不确定的，但是暗示着北半球现在变暖的时期仍要持续2万年左右。在5 000年时，波士顿的气候可能就像现在华盛顿的气候一样；在1万年，可能就和现在的新奥尔良差不多；再到1.5万年，就成了迈阿密；等到2万年，就和新印度群岛一样了。接下来，由于地球运动的进一步变化，情况会发生反转，巨大的冰舌会再次向下移动，将蒙特利尔、奥斯陆以及斯德哥尔摩全部覆盖住，并危及到芝加哥、波士顿和伦敦。这一广泛的冰川运动扩张时期之后, 接下来又是长时间的变暖时期, 而下一冰期从现在开始预计要经过大约90万年才会发生。如此这般, 只要现在地球表面上有山体耸立, 就会一直周而复始地进行下去。

当山脉被雨水洗刷殆尽, 陆地表面又变得平整, 冰川就会消失很长一段时间, 直到新的山体在下一次地壳褶皱时形成。只要太阳还在天空中照亮着地球, 地球上就会接连不断地循环下去。

长期预测[1]

那么太阳未来又会怎样? 它还会发光发热多久呢?

因为在地球表面上发生几乎所有的事情都取决于来自太阳的光和热辐射, 所以地球的遥远未来很自然地就与太阳的未来联系到一起。我们知道太阳已经在过去的50亿年中为地球提供光和热了。那么, 它在未来还会继续提供多久呢? 要回答这个问题, 我们一定要知道以极高的速率发射到空间中的太阳能源头是什么。

古时候, 人们认为太阳应当像火炉中的柴火一样"燃烧着"。事实上, 根据希腊神话, 火种是被名叫普罗米修斯的英雄带到地球上造福人类用的。但是很容易计算出, 即便太阳这个球体是最好的航空汽油和纯氧的混合物, 那它也不会以现在这种燃烧的速率维持超过几千年时间。在上个世纪中期, 英国物理学家开尔文爵士和德国物理学家赫尔曼·冯·亥姆霍兹分别独立地提出了一个假设, 这个假设在当时看来是很有前景的。我们知道, 在一个活塞筒中的气体如果通过按压活

1.对于恒星, 尤其是我们的太阳, 发展历程更多细节的讨论可以在作者的《太阳》这本书中看到(这是《太阳的诞生和衰亡》这本书的改写), 现在正在准备当中。——作者注

塞迅速将其体积压缩，那么它就会被加热。通过手推活塞所做的机械功转化成了热能，并且在所做的机械功和产生的热量之间存在着一个确切关系。开尔文和亥姆霍兹将太阳视为一个巨大的气体球，在牛顿万有引力的作用下聚集在一起。当太阳的球体首次从细微的星际物质凝结起来时，它可能又冰冷又不发光。不过，在相互间万有引力的作用下，寒冷气体的巨大球体逐渐地收缩，于是这些引力所做的机械功转化成了热量将气体的温度升高。因此，太阳最终达到了现在表面温度大约为6 000℃的状态，比内部的温度还要高出很多。我们在接受这个假设的情况下，可以计算出太阳可能已经存在了几亿年，并且在未来还可能继续存在几亿年。在开尔文和亥姆霍兹产生他们的假设的时候，计算出来太阳的生命周期看起来很长，于是太阳起源的收缩理论就在没有争议的情况下被接受了。然而，在后来的地质历史时期扩张后，就需要太阳的年纪超过几十亿年了，于是这个太阳能产生的理论陷入了严峻的考验。在自然界中似乎并不存在一种足够强大的能量源来维持如此长时间的太阳辐射。

在上世纪末，这个谜团就看到了曙光，法国物理学家亨利·贝克勒尔发现了放射性现象，而且在本世纪初期，英国物理学家罗斯福勋爵说明，通常状态是稳定元素的较轻原子可以被人工转变成另一种轻原子，在此过程中释放出了大量的能量。这种在原子核中隐藏的能量是诸如燃烧之类的普通化学反应所能获得能量的百万倍。当燃烧汽油只能让太阳维持短短几千年时，核能源却能将这个数字提高到几十亿年！

这一问题更细节的研究只能等到有关太阳内部的物理条件以及核反应速率更多的信息可以被利用的时候。在1920年代初，英国天文学家阿瑟·爱丁顿提出了一个太阳内部结构的理论，使得计算它发光表面下的温度和压力成为可能。他得出了一个惊人结果就是：太阳内部气体的密度要比水的密度高100倍（比水银的密度高7倍）。而表面只有6000℃，但太阳内部接近中心的地方达到了2000℃的极高温度。

在相同的年代，人们在理解核反应过程上取得了很大进展。当时在德国的G·伽莫夫与美国的R·格尼和E·康登小组，同时提出了放射性的量子理论，这使我们可以理解为什么一些放射性元素可以存留数十亿年的，而另一些在可以被忽略不计的一瞬间就分解掉了。伽莫夫还给出了一个高能粒子轰击原子核的人工转变过程速率公式，这个公式与罗斯福的实验结果完美吻合。利用爱丁顿计算出来的太阳内部物理条件的数据以及伽莫夫的热核反应速率公式（即超高温产生的核反应），来自英国的R·阿特金森和澳大利亚的F·霍特曼斯成功地计算出了太阳体内的氢和某种其他氢元素之间发生热核反应在太阳内部能产生多少能量。他们的结果与实际观测到的太阳能产出率匹配得很好。

接下来的研究证明存在有氢参与的两种不同的热核反应，它们就是在太阳和所有其他恒星中能量产生的来源。二者之中较简单的是由美国物理学家查尔斯·克利茨费尔德提出的，这个热核反应始于两个氢原子撞击，由于它们处于十分高的温度下，所以是以质子的形式存在。当两个质子在恒星炽热的内部彼此碰撞时，它们通常会被反弹，就像两个台球一样，但是偶尔也会发生一些不一样的事。当两个质子在相撞的一瞬间接触到一起，那么其中一个质子就会释放出一个正电子而变成了中子这种电中性的粒子。由于在质子和中子之间没有斥力，所以它们结合在一起形成了氘核，也就是重氢原子的原子核，它具有和普通氢原子一样的化学性质，但是它的质量是氢原子质量的两倍。紧接着这样形成的一个氘核与另一个质子发生了碰撞。这就导致了氦原子核的形成，与普通氦核对比，普通氦核是氢核重量的4倍，而它只有3倍。
再接下来，这样的两个氦原子核相撞形成了一个普通的氦核，并释放出
两个质子（图99a）。这个名为"氢-氢反应"的一系列热核反应的净结
果是4个氢原子转变成了1个氦原子，并释放出了相当大量的核能。在太
阳内部获得的高温中，"氢-氢反应"进展得十分缓慢，需要30亿年才能
完成。但是由于太阳之中每克物质都有10^{24}个（1后面有24个0！）这样
的反应同时进行着，所以产生的总能量正好足够提供给太阳产生辐射
所需的所有能量。

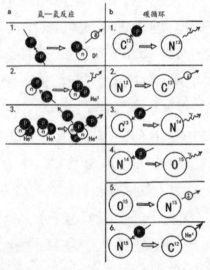

图99. 发生在恒星炽热内部的两种热核反应（在图b中，没有显
示出复杂原子核的质子-中子结构）

　　另一种热核反应就稍微复杂一些了，这个反应被美国的汉斯·贝
特和德国的卡尔·冯·魏茨泽克同时提出，它的名字叫作"碳循环"。在
这个情况下，4个氢原子联合成一个氦原子是在1个碳原子核的帮助下
完成的，它捕捉了1个质子，一个接一个地捕捉（图99b），并将它们结合

成了氦原子核。对于太阳来说，碳循环仅需要600万年，但是，由于太阳物质中的碳元素含量并不丰富，所以它的净产能率比直接的"氢-氢反应"的净产能率低大约100倍左右。然而，在更亮的恒星中，举例来说，比如天狼星，"碳循环"比"氢-氢反应"要占上风，它的能量产出更接近贝特-魏茨泽克的结果，而不是克利茨费尔德的方案。不过，无论热核反应选择哪种方向，它都会产生由氢到氦的转变，期间伴随着大量核能的释放。

由于热核反应速率随着温度的增加得十分迅速，所以大部分的能量释放发生在太阳的核心处，也就是温度最高的地方。围绕着中心的太阳物质中大约10%都参与到了产能过程中，而剩余物质在能量的加热下形成了核心外侧的太阳地幔。知道太阳发生反应核心处的氢含量以及由氢转化成氦的速率，就能计算出太阳总寿命大约在100亿年左右。根据天文学和地质学数据，由于我们的太阳现在大约50亿岁，所以我们推测它将还有另一个50亿年的生命，在整个寿命期间它将会保持近乎今日的状态。

从现在开始算起50亿年之后，当太阳中心处所含的氢消耗殆尽之后又会发生什么呢？可以从理论和实际观测两个角度来回答这个问题。当然，相比于人类历史，恒星的进化过程太缓慢了以至于不可能通过研究任何一个恒星个体的变化就能观察到这种进展。整个人类史和史前史在一个恒星的生命中就是眨眼一瞬间，我们根本注意不到它的变化，甚至从第一个原始人抬起眼睛望向天空到现在也依然发现不了。但是对于恒星演化有一个重要观点：越大越明亮的恒星，就会越快地按照它连续的变革阶段发展下去，仅仅是因为它消耗其中的氢要比其他微弱的恒星快。由于形成我们银河系的大多数恒星都起源于同一时代，大约50亿年前，当银河系本身形成时，所以我们应当期待其中的恒星在今天正处于各自演化过程的不同阶段。暗淡的恒星，非常经济地使用它们的氢能源供应，预计现在仍处在它们的鼎盛阶段，而十分耀眼的恒星，"一支蜡烛两头烧"，可能很久以前就已经用尽了它们的氢供应，或是现在处在消耗殆尽的阶段。因此，望向天空，我们会看到处在不同进化进程中的各种不同阶段的恒星——比如小猫、小狗、婴儿以及小鳄鱼都是在同一天出生，但是，时间久了它们就各自处在不同的成长阶段。这种环境为我们提供一种可能，让我们可以把对太阳未来的理论预测与所观测到天空中不同恒星的不同演化阶段进行比较。

关于太阳未来的这一理论告诉了我们什么？就像之前提到的，今天的太阳正处在它生命周期的中间，已经过去了50亿年，前面还有50亿年在向它招手。当遥远的未来到来之际，太阳核心中的氢含量会被完全用尽，这时在太阳的结构中会发生十分重大的变化。由于所有的内部燃料会被燃烧，"原子核之火"会延伸扩展到外层，这里还有大量并未燃烧的氢。由于这个过程会从热核反应发生的区域逐渐接近太阳表面，所以太阳的躯体将会开始扩大，辐射出大量的光和热也将会稳步增加。

与此同时，现在大约是6 000℃左右的表面温度将会降至这个数值的一半左右，遮盖住一部分天空的巨大太阳圆盘将只会处于红热状态，而不是现在所处的白热状态。在它扩张的过程中，太阳先吞噬了离它最近的水星和金星，然后它的红热表面就会向着地球过来。至于预测太阳会不会同样将地球吞噬，并且向火星膨胀，我们需要比现在更精确地计算，不过就算计算结果表明太阳的膨胀没有到达地球，那么地球上的海洋也会沸腾，地表上的岩石也会变得红热。从天文学角度来看，这种膨胀发生得相对很快，相较于太阳100亿年的寿命，膨胀大约只需要1亿年时间。如果我们将太阳寿命与一个人平均寿命相比，这种临死的挣扎就对应着最后6个月或者1年的时间。但是从一个人的角度来说，这些条件开始会进展得很缓慢。如果地球的温度在1亿年间升高了200℉，那么每世纪的增长率便只有0.0002℉，也就是说，这比当地的气候因素对气候产生的影响还要小一些。

对于这个第一眼看上去精彩绝伦的预测，我们有没有观测到的证据来支持它呢？有，并且有很多数据。正如我们提到过的，比太阳更大更亮的恒星反应的进程相应地要快很多，当我们的太阳还是一个中年人时，这些恒星就已经进入了暮年，处在各种不同的死亡阶段。从古代流传下来具有"心宿二""参宿四"这种名字的恒星在夜晚的天空中，闪耀得就像鲜红色的灯笼，并被现代天文学家归类到了"红巨星"当中。最近的研究显示，尽管这些恒星的质量只比我们太阳的质量大几倍，但是它们的直径却超出了太阳直径的几百倍。毫无疑问，这些红巨星中的"原子核之火"从它们的中心散布到了外侧，将它们吹成了红热稀薄气体的巨型球体。而且我们都很清楚，我们的太阳从现在开始50亿年之后也会进入这一阶段。

基于对太阳内部发生的过程进行数学研究，人们大致了解了太阳现在所处的阶段以及未来会成为"红巨星"的宿命，但是我们必须主要依赖于有关观测演变的后期阶段所得到的证据。比较确定的是，当一颗恒星达到极端的红巨星阶段，此时其内部所有的核能都会被完全用尽，而在接下来的演变只可能伴随着光芒逐渐减弱的缓慢收缩。在那一进化阶段被观测到的恒星则表现出十分奇特又不稳定的行为。当诸如太阳的普通（中年）恒星以及诸如"参宿四"的红巨星（老年），都以同样的亮度发光，而恒星演化过程收缩阶段的特点就是亮度的巨大变化。起初收缩恒星的身体会经历一系列脉动，其亮度的增加或消失的周期从一天到一年不等（造父变星阶段）。接下来，这种规律的脉动变成了周期性的温和爆发（双子座U型星阶段），脉动的频率逐渐地变得越来越低，但是也变得越来越剧烈。最终几亿年之后，在恒星生命的尽头，一场剧烈的爆炸为它画上了句点，这场爆炸就是"超新星"现象。仅仅在一夜之间，恒星就变得比前一天要明亮上百万倍，大部分构成它的物质以每秒上千英里极高的速度被投射到周围空间中。一两年之后，这场绚丽的烟火褪去了颜色，这颗恒星所剩下的看起来就像是一个非常小却集中着热量的物体，仅仅由于有大量的热量被储存在它的内部从而放出亮光，这些被称为"白矮星"，在我们的银河系中发现有十几颗或是二十几颗"白矮星"，它们是还没有冷却变暗的没有生命的恒星，是完整又丰富的恒星生命所留下的冰冷残骸。

从现在起往后的50亿年，当太阳经历这些恒星最后消亡的痛苦时，地球又会发生什么变化呢？由于爆炸产生的热量无疑将在太阳系和平共处100亿年的所有行星全都都融化掉，爆炸的太阳爆发出的炽热气流甚至可能会将熔融的行星从太阳系中扔出去。当爆炸力被全部消耗，留给太阳和它的行星们的就是逐渐冷却到星际空间的温度，也就是零下几百摄氏度。

诗人罗伯特·弗罗斯特写道：

有人说世界会在火焰中结束生命，

有人说是在冰中……

这两种预测当然都是正确的！